改變人類生活的100個
發明故事

夏潔——著

發明無處不在

每天清晨，我們從睡夢中醒來，關掉鬧鐘，穿上拖鞋，開始擠牙膏刷牙，用洗面乳洗臉完畢，開始吃三明治，最後梳頭穿衣服，戴上手錶，拎起背包，鎖上門，奔向辦公室。

每一天，我們都會重複這樣的事情，但有沒有人想過，我們所接觸到的那些物品，究竟是怎麼來的呢？

是誰發明了它們？它們又經歷了怎樣的變遷？

我們的食、穿、住、行，其實都不是自然界本身就有的，而是前人用自身智慧去創造完成的。

所以，當我們享受著身邊的事物時，應該對發明這些東西的先輩們充滿感激，如果沒有他們，我們的生活就沒有這般便利。

其實，我們對「發明」這兩個字並不陌生，可是什麼才算是發明呢？

科學上對發明有這樣的定義：發明之物必須是被創造出來的，非大自然生成，且是過去沒有被人發現的東西。

所以，我們不能說居里夫人發明了鐳，因為鐳是大自然本身就有的元素，我們也不能說古人發明了米，因為稻穀也是自然界原有的植物之一。

但是，一切需要被改造的東西，如牙刷、牙膏、清潔用具，甚至小到桌椅，我們都可以將其視為發明。因為在這些物品上，凝聚了人類的心血

和汗水，是智慧的結晶。

在生活中，我們所接觸到的發明太多太多，由於章節有限，不能一一分類贅述，只能按其常見性、趣味性和重要性來做分類，望讀者們見諒。

由於是講故事，所以不會涉及太多艱澀難懂的原理，而是以情節鋪陳做為敘述的主要呈現形式，相信各位讀者能夠從中領略到那些發明家的心路歷程。

下面，就讓我們跟隨著他們一起進入發明的奇幻世界吧！

每個人都是發明家

小時候，我特別喜歡聽父親講發明的故事。

那些故事都很神奇，往往是一件毫不起眼的小事，就能促成一樁偉大的發明，而且發明出來的物品還對人類社會有著不可磨滅的作用。

於是，幼小的我就經常幻想，如果自己也能成為發明家就好了！

該怎麼發明呢？是否有一個套路，或是技巧呢？

現在想想，搞發明哪有方法啊？如果發明也需要按部就班，那些發明家製造出來的東西不就雷同了嗎？

可是小孩子哪裡懂得那麼多，由於不動腦子，模仿故事裡的人物就成了實現理想的捷徑。

故事裡說，那些發明家們往往在小時候很好學，經常將鬧鐘拆得七零八落。

於是我也去拆鬧鐘，結果拆完裝不上了，只好傻了眼，等父親過來裝。

看著父親靈巧地安裝著零件，我的心裡充滿了羨慕，同時又有點自豪，覺得父親這麼能做，總有一天會成為大發明家的！

可惜，父親並不想搞發明，我只好繼續努力。

故事中又說，那些發明家從小就愛觀察，對任何細節都不放過，所以長大後之所以能萌生出靈感，是要多虧了小時候的功勞。

於是，我也去東看西看，看螞蟻搬糖，看燕子築巢，卻也沒看出什麼來，大人們還會嘮叨起來：「快去看書，不要再玩啦！」

結果，我並沒有成為發明家，卻因為喜歡「看」，而迷上了看書。

透過看書，我練就了平和的心態，培養了自己的耐性，並且增長了自己的見識。

終於有一天，我從看書變成了寫書，也要歸功於小時候的那顆想要發明的心。

後來我才醒悟道：我不是也在發明嗎？我在發明知識，為的是讓更多人能夠有所收穫。

同樣地，我的父母也在發明，他們在發明著屬於自己的勞動成果，在創造對社會有利的東西，他們的每一滴汗水，都是極其寶貴的發明。

至於其他人，他們都在發明，他們是辛勤努力的教育家，發明著一個一個的人才；他們是軟體工程師，發明著先進的技術；他們是精明而聰慧的生意人，發明著社會所需的物質資本……

我們每個人都是發明家，只是發明的東西不同而已。

如今，人類社會的進步已不能靠簡單的幾樣新鮮玩意兒來推進，它需要所有人的共同努力。

所以說，我們生活在一個有趣的年代，一切才剛剛開始。

【目 錄】

前言 ⋯⋯⋯⋯⋯⋯⋯⋯⋯⋯⋯⋯⋯⋯⋯⋯⋯⋯⋯⋯⋯⋯⋯⋯⋯ 2

自序 ⋯⋯⋯⋯⋯⋯⋯⋯⋯⋯⋯⋯⋯⋯⋯⋯⋯⋯⋯⋯⋯⋯⋯⋯⋯ 4

第一章　我們每天使用卻不知由來的玩意兒

1、中國皇帝保護了全人類的牙齒——牙刷的出現 ⋯⋯⋯⋯⋯ 12

2、和麵「和」出來的牙膏——現代牙膏的雛形 ⋯⋯⋯⋯⋯ 16

3、魚刺帶給皇后的啟示——梳子的由來 ⋯⋯⋯⋯⋯⋯⋯⋯ 19

4、讓法老心花怒放的錯誤——小廚師與肥皂 ⋯⋯⋯⋯⋯⋯ 23

5、當蜂蜜碰上杏仁——糖果的最早由來 ⋯⋯⋯⋯⋯⋯⋯⋯ 26

6、小小野草能「砍」樹——魯班與鋸子的發明 ⋯⋯⋯⋯⋯ 29

7、可以移動的「小亭子」——雲氏與雨傘 ⋯⋯⋯⋯⋯⋯⋯ 32

8、六千年前的靈光一閃——鈕釦的問世 ⋯⋯⋯⋯⋯⋯⋯⋯ 36

9、窯工在古代原來是武器專家——磚是怎麼產生的 ⋯⋯⋯ 40

10、隆冬時節的饋贈——由鳥巢變成的帽子 ⋯⋯⋯⋯⋯⋯⋯ 44

11、愛美到不要命的羅馬人——令女人癡迷的口紅 ⋯⋯⋯⋯ 48

12、沒錢付郵資的姑娘——第一張郵票的由來 ⋯⋯⋯⋯⋯⋯ 52

13、它曾是皇室御用品——小小鉛筆的變遷 ⋯⋯⋯⋯⋯⋯⋯ 56

14、由打水而獲得的靈感——商業之祖范蠡與秤 ⋯⋯⋯⋯⋯ 59

15、拿破崙的示愛信物——由裝飾到實用的手錶 ⋯⋯⋯⋯⋯ 62

16、在課堂上問出的發明——伽利略與體溫計 ⋯⋯⋯⋯⋯⋯ 66

17、手帕與絲帶的另類繫法——解放婦女的胸罩 ⋯⋯⋯⋯⋯ 69

18、車輛的增速工具——難看卻實用的輪胎 ⋯⋯⋯⋯⋯⋯⋯ 72

19、撿了個大便宜的亞瑟・傅萊——便利貼的改良 ⋯⋯⋯⋯ 75

20、被積水濺出來的好點子——半個馬車與自行車 ⋯⋯⋯⋯ 78

21、為窮人發明的物品——廉價的橡皮擦 ⋯⋯⋯⋯⋯⋯⋯⋯ 81

22、石頭居然也能呼吸——走入千家萬戶的煤氣 ⋯⋯⋯⋯⋯ 84

23、英國女王慘變落湯雞——抽水馬桶的問世 ⋯⋯⋯⋯⋯⋯ 87

24、為賭徒特製的食物——伯爵的三明治 ⋯⋯⋯⋯⋯⋯⋯⋯⋯⋯⋯⋯⋯ 90

25、能提神的神奇飲料——巧克力留洋記 ⋯⋯⋯⋯⋯⋯⋯⋯⋯⋯⋯⋯⋯ 93

26、不會暈染的暢銷筆——風靡世界的圓珠筆 ⋯⋯⋯⋯⋯⋯⋯⋯⋯⋯⋯⋯⋯ 97

27、犬牙交錯的另一種用途——便捷的拉鏈 ⋯⋯⋯⋯⋯⋯⋯⋯⋯⋯⋯⋯ 101

28、曾讓人談之色變的日用品——「凶猛」的火柴 ⋯⋯⋯⋯⋯⋯⋯⋯⋯⋯ 104

29、居然會有青蛙放電現象——第一顆電池的誕生 ⋯⋯⋯⋯⋯⋯⋯⋯⋯⋯ 107

30、餓暈之後進行的思考——能提高氣壓的壓力鍋 ⋯⋯⋯⋯⋯⋯⋯⋯⋯⋯ 110

31、男人用的快速消費品——吉列發明的安全刮鬍刀 ⋯⋯⋯⋯⋯⋯⋯⋯⋯ 114

32、近視患者的福音——能塞入眼睛的隱形眼鏡 ⋯⋯⋯⋯⋯⋯⋯⋯⋯⋯⋯ 117

33、由鐘錶獲得的啟發——怎樣讓電風扇轉起來 ⋯⋯⋯⋯⋯⋯⋯⋯⋯⋯⋯ 120

34、從理髮店散發出迷人氣息——魅力無窮的香水 ⋯⋯⋯⋯⋯⋯⋯⋯⋯⋯ 123

35、幸虧他吸了一口氣——為家庭主婦解憂的吸塵器 ⋯⋯⋯⋯⋯⋯⋯⋯⋯ 127

36、生意被搶一怒做研發——能夠控制墨水的鋼筆 ⋯⋯⋯⋯⋯⋯⋯⋯⋯⋯ 131

37、能夠發出巨大響聲的「小怪物」——耳機的誕生 ⋯⋯⋯⋯⋯⋯⋯⋯⋯ 135

38、縣官公正斷案的工具——來自於中國的太陽眼鏡 ⋯⋯⋯⋯⋯⋯⋯⋯⋯ 138

39、如何讓曹操睡一個好覺——枕頭的發明 ⋯⋯⋯⋯⋯⋯⋯⋯⋯⋯⋯⋯ 141

40、華盛頓定會恨自己生錯時代——假牙的發展史 ⋯⋯⋯⋯⋯⋯⋯⋯⋯⋯ 144

41、組合創意的典範——發光的棒棒糖和電動牙刷 ⋯⋯⋯⋯⋯⋯⋯⋯⋯⋯ 148

42、慘澹經營終獲成功——速食麵的玄機 ⋯⋯⋯⋯⋯⋯⋯⋯⋯⋯⋯⋯⋯ 150

43、愛賣弄卻反遭不幸的樂器商——溜冰鞋的誕生 ⋯⋯⋯⋯⋯⋯⋯⋯⋯⋯ 154

44、為了滿足烈士的最後心願——防水的打火機 ⋯⋯⋯⋯⋯⋯⋯⋯⋯⋯⋯ 158

45、雲霧繚繞的「仙境」——產於美洲的香菸 ⋯⋯⋯⋯⋯⋯⋯⋯⋯⋯⋯⋯ 161

46、讓人清醒的神奇飲品——被羊啃出來的咖啡 ⋯⋯⋯⋯⋯⋯⋯⋯⋯⋯⋯ 165

47、如何將藥物送進血管——「危險」的注射器 ⋯⋯⋯⋯⋯⋯⋯⋯⋯⋯⋯ 169

48、挽救生命的條紋——馬路上為何會出現斑馬線 ⋯⋯⋯⋯⋯⋯⋯⋯⋯⋯ 173

49、愛護妻子就要緩解她的痛苦——衛生棉的創新 ⋯⋯⋯⋯⋯⋯⋯⋯⋯⋯ 176

第二章　那些陰錯陽差搗鼓出來的動靜

50、一次打獵過程中的意外收穫——掃帚的發明⋯⋯⋯⋯⋯⋯182

51、它的出現竟然要感謝火藥——從「硝石製冰」到霜淇淋⋯⋯185

52、珍貴的黑色藥劑——來自義大利的玻璃鏡子⋯⋯⋯⋯⋯⋯189

53、疑心病造出的絕美禮物——商人的高跟鞋⋯⋯⋯⋯⋯⋯⋯192

54、一個窮光蛋的淘金夢——從帳篷到牛仔褲⋯⋯⋯⋯⋯⋯⋯195

55、被煤油洗乾淨的禮服——乾洗技術的產生⋯⋯⋯⋯⋯⋯⋯200

56、失敗是成功之母——用途廣泛的尼龍⋯⋯⋯⋯⋯⋯⋯⋯⋯204

57、隨戰爭徙過來的物品——大受歡迎的口香糖⋯⋯⋯⋯⋯⋯207

58、原本只是實驗室裡的儀器——保溫瓶的出現⋯⋯⋯⋯⋯⋯211

59、不小心發現的玩具——大受歡迎的「翻轉彈簧」⋯⋯⋯⋯215

60、電流居然可以起死回生——神奇的心律調節器⋯⋯⋯⋯⋯219

61、關鍵時刻帶了一顆糖——微波爐的產生⋯⋯⋯⋯⋯⋯⋯⋯223

62、總令人失望的「塑膠」——被埋沒的強力膠⋯⋯⋯⋯⋯⋯226

63、碰翻瓶子後的喜劇效果——化學家與安全玻璃⋯⋯⋯⋯⋯230

64、被毒果麻倒的名醫——第一個發明麻醉劑的華佗⋯⋯⋯⋯233

65、差點讓公司破產的「清潔劑」——黏土⋯⋯⋯⋯⋯⋯⋯⋯236

66、蛋糕烤盤的變廢為寶——運動用的飛盤⋯⋯⋯⋯⋯⋯⋯⋯239

67、浪費糧食後得到驚人美食——杜康與酒⋯⋯⋯⋯⋯⋯⋯⋯242

68、胡亂調配出的美味「藥水」——可樂的意外發明⋯⋯⋯⋯247

69、沒錢買新衣服的另一種好處——橡膠工人的雨衣⋯⋯⋯⋯250

70、為了讓她不再無助——貼心的ＯＫ繃⋯⋯⋯⋯⋯⋯⋯⋯⋯254

71、孩童嬉戲的產物——就在身邊的望遠鏡⋯⋯⋯⋯⋯⋯⋯⋯257

72、吃錯了藥反是一件好事——豆腐的煉製⋯⋯⋯⋯⋯⋯⋯⋯261

73、上帝在暗中相助——軟木塞造就的罐頭⋯⋯⋯⋯⋯⋯⋯⋯265

74、被鋼筆弄髒的衣服——噴墨印表機的由來⋯⋯⋯⋯⋯⋯⋯269

75、亂吃東西的化學家——糖精與不要命的故事⋯⋯⋯⋯⋯⋯272

76、千鈞一髮之際呼出的一口氣——人造雨的成功 ········275

77、菸灰是個大功臣——穩定的水電池 ················279

第三章　這些發明對人類發展至關重要

78、父愛如磁盼兒歸——中國人製造的指南針 ············284

79、為平民百姓利益的發明——蔡倫造紙 ··············287

80、「投機取巧」的畢昇——活字印刷術 ··············291

81、蹺蹺板上的啟示——妙除尷尬的聽診器 ············294

82、看，鳥兒在紙上跳躍——動畫是怎麼產生的 ··········297

83、從百米高空安全落地——震驚世人的降落傘 ··········300

84、幾番走投無路的瓦特——蒸汽機的改進 ············304

85、讓美軍反敗為勝的「海龜」——潛水艇 ············308

86、愛玩火的好奇兄弟——熱氣球的發明 ··············312

87、把聲音留住的奇怪機器——第一臺留聲機的出現 ······316

88、數千次的努力只為那一刻——愛迪生與電燈 ··········320

89、一個畫家的奇思妙想——風馳電掣的電報 ··········324

90、一塊小鐵片的神奇功效——貝爾發明電話 ··········328

91、諾貝爾的冥想——如何讓炸藥有威力又安全 ··········332

92、一樁懸而未決的謎案——美俄的無線電之爭 ··········336

93、十九世紀末的重大發明——賓士與汽車 ············340

94、人類第一次在天空的自由遨遊——萊特兄弟與飛機 ····344

95、沖洗照片時的戰利品——塑膠的合成 ··············348

96、人生中最重要的一次感冒——青黴素的出現 ········351

97、第一座核裂變反應爐的誕生——核能武器的起源 ······354

98、從龐然大物到靈巧的隨身物品——電腦的發展 ········358

99、多年以後的另一個自己——複製技術的出現 ········362

100、一場持久論戰的引爆——備受矚目的避孕藥 ········365

第一章

我們每天使用
卻不知由來的玩意兒

中國皇帝保護了全人類的牙齒
牙刷的出現

牙刷，我們每天要使用的東西，少了它可萬萬不行，但大家是否知道，第一個發明牙刷的人是誰呢？

明孝宗畫像

其實說出來，大概很多人都會驚訝，牙刷，這個看似高科技，而我們每天都不離手的清潔用具，竟然是被一位中國皇帝發明出來的！這個皇帝就是明朝以清正廉潔著稱的孝宗朱祐樘。

朱祐樘是一個一絲不苟的皇帝，他有著生活上和精神上的雙重潔癖。

何為精神潔癖？

即他對待貪官汙吏絕不手軟，找他開後門一律行不通；而他只有一位老婆——張皇后，成為中國歷史上絕無僅有的貫徹一夫一妻制的皇帝。

說到生活上的潔癖，就更不必說了，朱祐樘喜歡乾淨，誰要是邋裡邋遢地去見他，準會被挨一頓臭罵。

皇宮裡的御廚就曾無意間犯了大忌。

有一天，朱祐樘和張皇后一起用膳，由於皇后最近體弱多病，皇帝就想讓她多補補，特意囑咐御廚做一盤香噴噴的紅燒肉給皇后吃。

那天，御廚剛接到家裡的信，說父親過世了，他心情低落，只是麻木機械地炒菜裝盤，彷彿一具木頭人似的。

紅燒肉端上桌，皇帝本來很高興地夾起一塊冒著熱氣淌著醬汁的肉給皇后，讓愛妻多吃一點。

但隨即，他的眉頭皺了起來，目光死死地盯著那塊肉看，表情也瞬間嚴肅無比。

終於，他忍無可忍，大吼一聲：「來人！」

太監趕緊跑到皇帝面前，膽顫心驚地等候皇帝發話。

「把今天做飯的御廚帶過來！」朱祐樘臭著一張臉說。

太監不敢怠慢，趕緊跑到御廚跟前，大喝一聲：「拿下！」

御廚連驚愕之聲都未來得及發出，就被侍衛們五花大綁了起來。

當瑟瑟發抖的御廚被帶到皇帝面前時，朱祐樘壓抑不住怒火，用筷子夾起一塊皮上帶著幾根豬毛的豬肉，惱怒地扔到地下，呵斥道：「你是怎麼做飯的！這種肉能吃嗎？」

御廚一言不發，他知道自己犯了很大的過錯，根本不需要辯解。

朱祐樘見御廚不說話，以為對方不知悔改，不由得怒髮衝冠，大喝一聲：「把他給我拉出去，砍了！」

可憐的御廚這才清醒過來，他顫抖著身子，痛哭流涕地說：「皇上饒命！奴才今日得知家父病故，一時悲痛萬分，無心做事，才冒犯了皇上和

娘娘！」

其實朱祐樘並不想真的砍御廚的腦袋，他冷靜下來，問明事情的原委，便原諒了御廚。

御廚感激涕零，要重新給皇帝做紅燒肉，但朱祐樘已經沒有吃肉的心情，他擺一擺手，讓所有人都退下了。

一連幾天，朱祐樘的腦海裡都浮現著那塊帶著豬毛的紅燒肉，他對自己那日的態度有點愧疚，總想做點什麼事情來彌補。

幾日之後，他和張皇后用過晚膳，皇后順手拿起一根「揩齒枝」清潔牙齒，其實「揩齒枝」就是一根稍經加工的柳枝，常被當時的人們用來剔牙。

朱祐樘見皇后張大了嘴巴費力的樣子，不知怎的，他又想起了那塊紅燒肉，突然，他大叫起來：「我明白了！」

皇后被嚇了一跳，連忙問他發生了什麼事。

朱祐樘神祕兮兮地笑道：「過幾天妳就知道了。」

他命下人用骨頭打造了一支手把，然後用剪得整整齊齊的堅硬的豬鬃插入手把的一端，便做出了一支能夠清除口腔汙垢的用具，也就是如今所說的牙刷。

皇后看了牙刷後，高興極了，她試用了一下，發現果然非常方便，於是，皇帝就命令宮裡人都使用牙刷來清潔口腔。

可想而知，所有人都對牙刷讚不絕口。

後來，牙刷這個日用品慢慢地流傳到宮外，讓老百姓們也享受到了這種福利，而朱祐樘也因為這個發明，為自己的政績又添了一筆功勞。

美國牙科醫學會和美國牙科博物館中的資料顯示，世界上第一支牙刷是由中國皇帝明孝宗朱祐樘於西元一四九八年發明的，方法是把短硬的豬鬃插進一支骨製手把上。西元二〇〇四年，倫敦羅賓遜出版社出版的《發明大全》一書，列舉了人類三百項偉大的發明，也把牙刷的發明權歸到朱祐樘名下。

也有人把牙刷發明權歸於英國人威廉·艾利斯。但根據史料記載，中國在南宋已有牙刷了。

❷ 和麵「和」出來的牙膏
現代牙膏的雛形

有了牙刷，沒有牙膏怎麼行？

這是現代人的觀念，因為牙刷與牙膏總是密不可分，可是在古人的心目中，這兩樣東西是可以分開使用的。

這倒不是說古人懶惰，而是他們確實沒有想過牙膏應該搭配牙刷！

西元一八四〇年，法國人發明了金屬軟管，這種管子可以被隨意揉捏，但是不會損壞，一時間，人們趨之若鶩，覺得金屬軟管是個了不起的物品，可以用來裝很多東西。

比如，它可以裝水等液體，但精明的商人們大部分是將其做為食物的外包裝，他們心知這種新鮮玩意兒定能吸引很多人的目光。

只有一個名叫賽格的維也納人想到了金屬軟管的不同用途。

賽格是個挑剔的人，他特別喜歡一句話：好的開端是成功的一半，當然，翻譯成中文或許更貼切：一日之計在於晨。

可是每一天，當他早晨起床後，總要面對著他最不願意做的事，那就是刷牙，眼看著一個個好日子在一開始就被刷牙破壞掉了，他總是非常氣惱。

當時的「牙膏」是古埃及人發明的，主要原料為白堊土的沉積物、動物的骨灰粉末或植物粉末，所以它是粉末狀的，和今日的牙膏完全不一

樣。

用粉末刷牙，自然缺點很多，比如粉末會被人吸到鼻子裡、嗆進喉嚨裡，引發咳嗽，然後粉末如白雪般漫天飛舞，黏在人的臉上、頭上，刷牙不成反要洗澡。

還有些人擔心牙膏粉會變質，那樣的話口腔不僅清潔不了，還會遭到更大的汙染。

賽格覺得要解決牙膏的使用問題，首先得把它存放在一個更便捷的容器裡，於是他想到了金屬軟管。

他試著將牙膏粉末一小撮一小撮地塞進這種軟管中，然後發現軟管果真能避免牙膏粉受到汙染，對此他洋洋得意，還對妻子麗娜吹噓了一番。

可是麗娜很快就抱怨道：「這種軟管一點都不方便，我要麼擠不出牙膏，要嘛一擠就是一大堆！」

實際上，賽格也遇到了同樣的問題，但出於男人的自尊心，他不肯承認自己的試驗有問題，就反駁麗娜大驚小怪，暗地裡卻繼續尋找著改良的方法。

一天，麗娜做糕點。

賽格饒有興趣地看著妻子在廚房裡忙。

只見麗娜在麵粉中兌入了一勺水，然後用手揉搓起來。不久之後，麵粉就成了一團雪白的麵糰，再也不會散落得到處都是了，看來水具有神奇的功效啊！

對了！就是水！

賽格腦中靈光一閃，他知道自己找到解決擠牙膏的辦法了。

他將一些液體兌入進牙膏粉中，使牙膏變成了一種黏糊糊的固體，然後將這種牙膏放入軟管中，於是，一款與現代牙膏近似的日用品誕生了。

由於賽格的牙膏使用量能隨意控制，而且不容易變質，所以一問世就受到了人們的熱烈歡迎，賽格也因此申請了專利，大大賺了一筆。

不過這種早期的牙膏沒有改進原料，人們在刷完牙後，嘴裡混合著白堊土、肥皂和各種液體，依舊感覺不到口腔是乾淨的，有些人甚至還覺得很噁心。

這種情況直到第二次世界大戰到來時才得到改善，因為牙膏商們終於發現了一種既可以達到清潔效果，又能使口腔清爽的物質，那就是碳酸氫鈣。

所以，直到二十世紀四〇年代，現代牙膏的雛形才真正出現。後來，人們又陸續在牙膏中加入了摩擦劑、保濕劑、防腐劑、氟等物質，不僅增加了牙膏的使用壽命，還使牙膏具備了防止發炎、齲齒等牙病的功能。

從此，牙膏成為人類必不可少的物品，一直沿用至今。

【Tips】

潔齒品的使用可追溯到西元二〇〇〇～二五〇〇年前，希臘人、羅馬人、希伯來人及佛教徒的早期著作中都有使用潔牙劑的記載。而中國在唐朝時期就已經有了中草藥健齒、潔齒的驗方。

③ 魚刺帶給皇后的啟示
梳子的由來

中國上古有個神仙，叫黃帝，這個黃帝和中國的皇帝一樣，也有好幾個老婆。這樣一來，後宮爭鬥就少不了，也著實讓他有點左右為難。

在這些老婆中，屬大老婆嫘祖最能幹，她發明養蠶的技術，讓人們都穿上了漂亮的衣服。

二老婆方雷氏想不出辦法來超越嫘祖，就乾脆在對方的發明上做出了改進，她用骨頭做成細細的縫衣針，把線穿在骨針的尾部，這樣就能縫製成精巧的衣服了。

所有人都對方雷氏的骨針讚不絕口，但方雷氏並沒有很高興，她總是覺得自己在拾嫘祖的牙慧，便想再製作一些與眾不同的東西。

有一年，黃河發大水，讓百姓們吃了很大的苦頭，但也有了一些意想不到的收穫。比如，發明舟楫的狄獲就從洪水中捕獵到十九條大魚。

狄獲很高興，忙不迭地找來黃帝的三老婆彤魚氏，請求對方燒魚給他吃。

彤魚氏是一個賢慧的女人，在宮中專管人們的衣、食、住、行，或許是太過操勞，她生了一場大病，連

戴進《洞天問道圖》，
描繪黃帝在崆峒山向
廣成子問道。

起床的力氣也沒有了，更別提替狄獲燒魚了。

狄獲沒辦法，只好去找看起來精明能幹的方雷氏。

方雷氏見狄獲找自己做本該彤魚氏做的工作，非常高興，便賣力地燒魚，直把魚燒得香氣四溢，把狄獲饞得口水直流。

待魚燒熟後，方雷氏揭開鍋蓋，狄獲早已衝上來，一口氣吃掉了大半條魚，他邊吃邊吐刺，很快，地上便橫七豎八地堆滿了魚刺。

方雷氏順手拿起一根魚刺，正好她頭皮有點癢，就折了一節替自己撓頭。

沒想到，奇蹟發生了！

方雷氏凌亂的頭髮在魚刺的撥弄下，居然變得整整齊齊！

「真奇怪呀！沒想到魚刺還有這種功能！」方雷氏驚訝地說。

她聯想到自己平日裡給宮女們捋頭髮的情景，她身邊共有二十名宮女，每個人都不修邊幅，一到重大節日依舊是蓬頭垢面的骯髒模樣，讓方雷氏抬不起頭來。

為了自己的形象，她經常給宮女們捋頭髮，因為人太多，等宮女的頭髮全都捋順了，她的手指往往要痛上好幾天。

也許，這些魚刺可以代替她的手梳頭髮呢！

方雷氏心中暗喜，便悄悄地把狄獲吃剩的魚刺全部收集起來，第二天，她將魚刺折成一截一截的短節，然後發給宮女，教她們梳理頭髮。

宮女們嘻嘻哈哈地拿起魚刺就往頭髮裡送去，但沒多久，有人「哎呦」地慘叫起來，原來她把魚刺扎進了頭皮中；也有人「唉」地嘆息起來，原來她手勁太大，把魚刺給掰斷了。

大家紛紛抱怨道：「還不如用手捋頭髮呢！這些魚刺太危險太不結實啦！」

　　方雷氏只好把魚刺全收走了，但她是個意志堅定的女人，覺得自己的思路是沒有錯的，只是選用的工具不對而已。

　　她冥思苦想之後，找來了為黃帝做木工的睡兒，要對方做一把梳子，且梳子的一端有一根根豎立起來像魚刺一樣的東西。

　　睡兒從未做過「梳子」，有點丈二和尚摸不著頭腦，但他自恃技藝高超，當即就承諾三天之後給方雷氏梳子。

　　到了第四天，方雷氏去取梳子時，睡兒將木凳大小的「梳子」拿了出來，頓時讓方雷氏笑得前仰後合。

　　睡兒莫名其妙地問：「妳要的不就是這個嗎？」

　　方雷氏好不容易忍住笑，回答道：「我要的梳子是能給人梳頭髮的，你看你做的，一個木齒都比人的手指都粗，哪像梳子，分明像個耙子！」

　　這時，睡兒才知道梳子的功能，他也笑了，並答應方雷氏重新給她做一把合適的梳子。

　　經過與幾個能工巧匠的討論，睡兒決定用纖細而不易折斷的竹片做梳子，這一次他做出來的梳子大小剛剛好，他還細心地磨圓了梳齒的頂部，不讓梳頭的人感覺到任何不適。

　　方雷氏用這把梳子梳了一下頭，結果沒梳幾下，她的頭髮就非常整齊了。

　　她欣喜萬分，連忙請睡兒多造一些梳子，好分發給宮女。

　　後來，大家都知道了方雷氏的梳子好用，也都學著給自己做了一

把，於是梳子便成為了千家萬戶普遍使用的梳頭工具了。

【Tips】

關於梳子的發明，史書的說法是：「赫胥氏造梳，以木為之，二十四齒，取疏通之意。」認為梳子是炎帝身邊的一個人發明的，這個人名叫赫廉。

4 讓法老心花怒放的錯誤
小廚師與肥皂

肥皂是人類最古老的清潔用品，你知道它誕生於哪裡嗎？

原來，它和牙膏一樣，產生於埃及，而且跟埃及法老胡夫還有一段故事呢！

有一次，法老打了大勝仗，他得意萬分，一回到宮裡就命令僕人們大開筵席，說是要款待在戰場上凱旋歸來的將士們。

由於王公貴族們都會參與這次慶功宴，宮裡的總管不敢怠慢，急急忙忙奔向廚房，要廚子們趕緊行動起來，為法老和貴族們做一桌好菜。

這時，一個剛進宮不久的小廚師端著一盆水，從總管身邊走過，他一不小心撞到了總管的身上，水盆頓時被打翻，水灑得滿地都是。

「你是怎麼搞的？把我的衣服都弄髒了！」總管厲聲斥責小廚師。

小廚師被嚇得連連後退，當他退無可退時，雙手不知怎麼安放才好，竟然猛地一推，將裝滿了羊油的罐子碰翻在地。

古埃及法老聚會的壁畫

立刻，羊油匯聚成了幾股小溪，向著人們的腳下蔓延開來。

總管本就對冒失的小廚師心懷不滿，眼下見對方又灑了珍貴的羊油，就越發怒不可遏，指著小廚師的鼻子大罵道：「我要把你拖出去問斬！」

其他廚師怕事態鬧大，連忙捧出草木灰，將羊油蓋起來，待灰燼吸完油後將其扔到室外，以便消除羊油的痕跡。

可是總管不依不饒，一定要治小廚師的罪。

大家都為這個還未滿十六歲的孩子捏了一把冷汗，一個老廚師看小廚師飽含熱淚，渾身哆嗦個不停，心中大為不忍，他搓著手，拼命想著怎樣救這個孩子。

忽然，他覺得手上非常乾淨，像從未沾過髒東西一樣。

奇怪，他暗想，我剛才明明碰了羊油，也碰了草木灰，怎麼可能手變得如此乾淨清爽呢？

莫非，這兩種東西混合在一起可以清潔雙手？

老廚師眼睛一亮，快速走到小廚師跟前，湊近對方的耳朵說了幾句悄悄話。只見小廚師用難以置信的眼神望向這位長輩，後者則點著頭給予他肯定，於是他也就充滿勇氣了。

當法老派出侍衛來抓捕小廚師時，小廚師用堅定的口氣說：「麻煩你們向尊貴的法老通報一下，我這樣做是有原因的！」

總管從鼻子裡發出冷笑聲：「有什麼原因？你不要找藉口！」

侍衛們面面相覷，顯得猶豫不決，小廚師再度胸有成竹地說：「你們去通報一下，法老不會責怪你們，也許你們待會兒還有好處呢！」

侍衛們半信半疑，就返回去將小廚師的話告訴了法老。

正巧法老與將士們在一起喝酒，喝得非常高興，法老一開心，就下令道：「將那個膽大包天的廚師帶過來，我倒要看看他要說什麼！」

侍衛便將小廚師帶到法老面前。

可憐的小廚師是第一次見法老，難免有些膽顫心驚，他大氣都不敢出一下，戰戰兢兢地演示了一遍如何將羊油與草木灰混合在一起，然後如何洗乾淨雙手的過程。

當他的雙手真的變得很乾淨時，他鬆了一口氣，而筵席上的人眼睛也瞪直了，大家發出驚呼聲，紛紛讚嘆小廚師的聰明。

法老盯著小廚師手中凝結成塊的草木灰，忽然爆發出一陣大笑：「你做得很好！我要重重賞你！」

就這樣，小廚師因禍得福，受到了嘉獎，而他手中的炭餅，就成了世界上的第一塊肥皂，逐漸在全世界流傳開來。

【Tips】

西元七〇年，羅馬帝國學者普林尼，第一次用羊油和木草灰製取塊狀肥皂成功。後來，法國化學家盧布蘭透過實驗，用電解食鹽的方法製取燒鹼，成本大大低於英國人用煮化的羊脂混以燒鹼和白堊土製肥皂的價格。從此，肥皂才逐漸普及至人民所用。

5 當蜂蜜碰上杏仁
糖果的最早由來

糖果誰都愛吃，可是有誰知道它是怎麼來的呢？

我們如今能吃到糖果，要感謝古羅馬人，是他們讓糖果發揚光大，而且他們還創意性地發明了夾心糖果這一產品。

在西元兩千多年前，羅馬人喜歡上了蜂蜜這種美食，因為蜂蜜是甜的，所以被廣泛應用於餐桌上。

那時，有個名叫蒂塔的小女孩也很喜歡吃蜂蜜，不過她對蜂蜜似乎有一種狂熱的喜愛，不僅在用餐的時候吃，在平時更是把蜂蜜當成了零食。

幸好蒂塔出生於一個貴族家庭，否則她不會有機會接觸到蜂蜜這種甜食，又或者她根本連甜食是什麼都不清楚。

由於出生優渥，蒂塔並不珍惜糧食，她不好好吃飯，經常吃一點就扔一點，讓家人很不滿意。

而且她還有個壞脾氣，她禁止僕人吃掉她扔掉的食物，僕人們只好摸著飢腸轆轆的肚子，眼巴巴地看著那些食物被白白地浪費掉。

有一次，蒂塔的母親命僕人給蒂塔送去一些杏仁，並叮囑僕人一定要看著蒂塔把杏仁吃完。僕人見女主人神情嚴肅，知道杏仁肯定不得蒂塔喜歡，就偷偷地先嚐了一顆。

他咬了第一口，覺得有點澀，但隨即，一股馨香在他口中瀰漫開來，

又嚼了幾下，覺得非常好吃。

但蒂塔是不喜歡的，因為杏仁有點苦。

僕人嘆了一口氣，知道這些杏仁又要被浪費了，心中覺得很可惜，可是他也沒辦法，只好去找蒂塔。

果然，蒂塔挑剔得很，她用食指和拇指撚起一顆杏仁，像吃毒藥一般地放入唇間，嘗試性地咬了一下。

「哎呀！好苦啊！」蒂塔大叫道。

她不高興地一甩手，將一盒子杏仁甩得滿地都是，不巧的是，有一顆杏仁被甩進了開著蓋子的蜂蜜罐中。

頓時，蒂塔發出了驚天動地的尖叫，嚇得僕人差點暈倒。

「快！快把它弄出來！」蒂塔指著罐子，發出刺耳的呼叫。

僕人趕緊找到一個勺子，將沾滿了蜂蜜的杏仁從罐子裡撈出來。

「快！扔了它！」蒂塔持續不斷地喊叫著。

僕人無奈地將裹著蜂蜜的杏仁扔在了一棵棕櫚樹下，至於其他的杏仁，則在蒂塔的要求下被直接扔到了下水道裡。

當做完這一切後，蒂塔又開心起來，她抱起蜂蜜罐子，繼續往嘴巴裡塞甜食，而跟在她後面的僕人則暗暗搖頭，替那些杏仁感到惋惜。

由於蒂塔不允許僕人吃掉自己丟棄的食物，這個僕人只好對著棕櫚樹下的杏仁默默地流口水。

轉眼一天過去了，他仍對那顆杏仁念念不忘，甚至連睡覺時也惦記著它。

第二天，他找了個理由出門，悄悄來到了昨天的棕櫚樹下。

令他高興的是，那顆杏仁仍舊躺在泥地裡，由於周身裹著蜂蜜，它看起來金光閃閃，像一個金黃色的琥珀。

僕人抓起地上的杏仁，發現由於陽光的照射，杏仁上的蜂蜜已經被曬得發硬了。他吹了吹杏仁，希望能吹掉髒東西，但實際上那些塵土已經和蜂蜜混雜在一起，無法弄乾淨了。

僕人也不管了，就直接將杏仁塞進嘴巴裡。

一瞬間，他的嘴裡四處流淌著甜香的唾液，蜂蜜的甜味中夾雜了杏仁的苦味，讓杏仁變得異常可口。

太好吃了！僕人這輩子從未吃過如此美食，不由得激動地熱淚盈眶。

於是，他將這個祕密告訴了在主人家做廚娘的妻子。

後來，妻子在一次晚宴上擺了一盤裹著蜂蜜的杏仁糖，獲得了客人們的一致好評。

就這樣，這種最原始的糖果就開始風行起來，而蒂塔從此又多了一個不離手的甜食，那就是被曬乾的杏仁糖。

【Tips】

由於糖果的價格昂貴，直到十八世紀還是只有貴族才能品嚐到它。但是隨著殖民地貿易的興起，蔗糖已不再是什麼稀罕的東西，眾多的糖果製造商在這個時候開始試驗各種糖果的配方，大規模地生產糖果，從而使糖果進入了平民百姓家。

6 小小野草能「砍」樹

魯班與鋸子的發明

　　鋸子是木工必不可少的工具之一，用它來鋸木頭，既方便又快捷，而伐木工砍樹時也離不開鋸子，可見這種工具的重要性。

　　不過在兩千五百多年前，世界上是沒有鋸子這一工具的，所以木工們工作都非常辛苦，為了取得不同長度的木材，只好用斧頭砍，這就帶來了一個問題：容易砍歪，然後又得重來。

　　後來，中國木工的祖師爺魯班出生了，他的出現使得木匠工藝快速提升，而且他心靈手巧，發明了很多有用的東西。

　　魯班一天天地長大，手藝越來越精湛了，名氣自然也水漲船高，連皇帝都知道了。

　　周朝皇帝心想：「我正好要建一座宮殿，何不讓魯班過來幫忙？既然他是能工巧匠，肯定能給我一個驚喜吧！」

　　於是，皇帝就召魯班進宮，派給後者任務。

　　皇帝可能是太過迷信魯班的技藝了，竟然要求魯班用三個月的時間將宮殿造好，魯班非常吃驚，告訴皇帝木工的工作沒那麼容易。

　　哪知皇帝卻發怒了：「你不是很能幹嗎？為什麼要告訴我不行？我不管，你一定要在三個月內把宮殿建好！」

　　魯班無可奈何，只好和手下的匠人們開始畫圖紙籌備木料。

由於造宮殿所需的木料特別多，工匠們光是為砍樹就要花費很長時間，眼看著一個月快過去了，為建築準備的木材仍舊遠遠不夠，魯班很心急，他決定親自上山，看看有沒有什麼砍樹的好辦法。

由於上山的路特別難走，魯班不得不扶著路旁的樹木爬山。

當他來到一個陡坡時，發現這個山坡光溜溜的，除了一些野草，其他的什麼樹木也沒有。

這個時候，魯班沒有替自己擔心，反而皺著眉頭想：工匠們每天都要從這樣的山坡上尋找木料，多麼不容易啊！

為了趕時間，魯班不再多想，他抓起一把野草就往山頂上走去。

就在這個時候，他感覺到手上傳來一陣疼痛，連忙張開五指一看，自己的手掌竟然被野草割出了好多的小傷口，還流出血來！

這野草怎麼有這麼大的威力呢？

魯班很疑惑，他顧不得擦拭鮮血，轉而拔下了腳邊的一株野草，仔細觀察。

他發現，這種野草的葉片上有很多小細齒，這些細齒非常鋒利，正是他手上傷口的元凶！

真沒想到，一株小小的野草破壞力還真大！魯班不由得大發感嘆。

他來了興致，乾脆坐在山路上，認真思索起來。

「如果自己造一把工具，讓這種工具也具備像野草那般鋒利的細齒，也許砍樹的工作就能節省很多時間呢！」魯班興奮地想。

他覺得這個辦法非常可行，便立即起身下山，去做那種工具。

經過一天的反覆打造，魯班在一根金屬條上雕琢出了很多細齒，然後

他將金屬條鑲嵌在一個弓形的木架上，一個全新的木工工具就完成了！魯班將工具命名為「鋸子」，為了試驗鋸子的威力，他抓起一根木頭鋸了起來。

很快，木頭被鋸開了縫，發出了嘶啞的聲音，木屑也不斷地漂浮到空中。

魯班用了很短的時間就鋸斷了木頭，他激動地抓起被鋸的切面查看，發現鋸子可以將木頭鋸得非常平整，完全不需要再用斧頭砍了。

「太好了！這下我們的時間足夠了！」魯班高興地叫起來。

他將其他木匠召集起來，跟他們說明了鋸子的工作原理和製造方法，大家都欽佩不已。

於是，他們打造出很多鋸子來使用，讓木工的工作更方便了。後來民間的木工都開始用起了鋸子，這就是鋸子的由來。

【Tips】

依考古學家發現，中國人早在新石器時代就會加工和使用帶齒的石鐮和蚌鐮，這些是鋸子的雛形。魯班出生前數百年的周朝，已有人使用銅鋸，「鋸」字也早已出現。

7

可以移動的「小亭子」

雲氏與雨傘

魯班是中國的木匠之祖，相傳他能做出各種家具，甚至還能發明會活動的機器動物，讓後人崇拜不已。

魯班的妻子雲氏也是一個能工巧匠，她的木工手藝也非常棒，有時候連丈夫魯班都為之驚嘆。

不過雲氏秉承著「男主外，女主內」的信條，並不跟丈夫搶工作做，而是在家做家事，帶孩子養老人，默默地支持著丈夫的事業。

魯班很感激雲氏的無私奉獻，總是盡量早點回家，有時候經過熱鬧的市集，也會給老婆帶一些禮物回來。

而每當魯班踏著夕陽回家時，雲氏已經準備好了一桌熱騰騰的飯菜，在門口深情地等待著丈夫的歸來。

後來，魯班的名氣大了，請他做工的人也多了，他逐漸忙得沒時間回家吃飯，就算回到家中，也已經是深更半夜，累得往床上一躺，很快就進入了夢鄉，連跟雲氏說句話的時間都沒有。

時間一長，雲氏很不高興，她要求魯班回家早一點，沒想到魯班卻皺著眉說：「我要是不拼命工作，誰來養家糊口？妳居然還怪我？」

雲氏一聽，大怒，起身說道：「我也是有本事的人！如果我去做工，一定做得比你好！如果不是為了你，我才不會總坐在家裡吃閒飯呢！」

魯班一聽，也發起火來，說：「好啊！那我們就比一比，我要是輸了，每天早早地回家；妳要是輸了，就別再碎碎唸了！」

　　雲氏點頭道：「可以！但你可別後悔！」

　　既然夫妻二人打了賭，賭注也有了，那到底賭什麼呢？

　　還是雲氏機靈，她說：「明天我去接你，我們讓別人評判一下，看誰的技藝高超！」

　　魯班氣鼓鼓地同意了。

　　這一晚，夫妻二人都在盤算明天該做一件什麼東西超越對方，因此都沒睡好。

　　到了第二天，雲氏隨魯班一起來到了工地，大家見魯班帶著老婆來了，都哂笑道：「嫂子這麼不放心大哥呀！」

　　雲氏黑著臉，把昨天與魯班的約定告訴了大家，這下眾人驚奇不已，想看看雲氏到底有怎樣的本事。

　　正巧，這時候天下起雨來，眾人起鬨道：「你們就比誰先到家，但身上不能被雨水打濕哦！」

　　魯班心想，這有什麼難的！

　　他給自己打造了一個大籃子，然後頭頂籃子就開始往家裡走。

　　雲氏這時還沒有動靜，她正在思考該造一個什麼樣的東西避雨才好。

　　再說魯班，他走著走著，發覺雨越來越大了，再這樣下去籃子肯定擋不了雨了，他在情急之下，趕緊造了一座亭子來避雨。

　　在遠處的雲氏將魯班的所作所為盡收眼底，她一會兒想到魯班頭上的籃子，一會兒想到魯班造的亭子，不由得思忖起來：「要是我能造個移動

的『亭子』，不就解決問題了嗎？」

想到這裡，她莞爾一笑，開始找起竹子來。

大家看到雲氏終於行動了，又開始起鬨，聲音之大，連屋外的魯班都聽到了。

其實魯班知道妻子手藝不錯，他怕自己被比下去，就使起了蠻力，造起了一個接一個的小亭子，希望能藉這些亭子助自己回家。

雲氏依舊不緊不慢地工作著，她劈出了一根一根的竹篾，然後以竹篾做骨架，蒙上了一塊獸皮，最後她用一根木棍做杆，撐起了獸皮。

她將這個東西撐開，就如同一個微縮版的亭子，而收起來後，又如同一根棍子，如此精巧的技藝讓人們紛紛拍手叫好。

雲氏撐開「小亭子」，大踏步地走了出去。

魯班見妻子追了上來，更加心急，一口氣造了十餘座亭子，但他的手腳再快，造亭子也是需要很多時間的，當魯班終於回到家時，雲氏早就在家門口等著他了。

魯班表示服輸，低聲下氣地求妻子原諒自己，當他看到雲氏造的「小亭子」時，頓時驚訝極了。

這時，他不得不佩服妻子的智慧，於是讚嘆地問道：「妳造的這個叫什麼？」

雲氏想了想，笑道：「就叫它傘吧！」

於是，下雨天用來避雨的傘誕生了。

歌川國芳所繪的江戶時代的持傘女子

8
六千年前的靈光一閃
鈕釦的問世

　　說起鈕釦，大家應該不會陌生，在日常生活中，我們幾乎每天都要接觸到鈕釦，因為它就在我們的衣服上，而大部分的衣服，都是有鈕釦的。那麼，鈕釦是如何來的呢？

　　接下來我將說明它的由來，請不要驚訝，小小一顆鈕釦，它的歷史竟然已經有六千年之久了！

　　話說在西亞的伊朗高原上，曾經住著一群原始人，他們就是波斯人的祖先，以家庭為單位，組成了一個一個最小的群落，在高原上頑強地生活著。

　　其中，有一個名叫阿卡的人，他是一個家庭唯一的男丁，也是一個兒子和兩個女兒的父親。

　　由於家裡女人太多，打獵的重任就落在阿卡的身上，這讓阿卡感覺有點吃力，並且他受傷的機率比其他人也要大很多。

　　不過，阿卡也有驕傲的地方，因為他家中的女人們都心靈手巧，能夠用獸

法國國王路易十四，曾經創紀錄地用一萬三千顆珍貴鈕釦鑲做了一件王袍。

皮做成很美觀的「衣服」。

當時的衣服，其實就是一塊獸皮而已，而獸皮的來源，則是男人們打回來的獵物。

雖然處於不發達的原始社會，但人們已經有了羞恥心，女人們會給自己的身上裹上動物的毛皮，而男人們雖然穿得少一些，卻也懂得用衣服來遮羞和禦寒。

阿卡家的女人與其他女人不同的是，她們不是簡單地將獸皮剝下來裹在身上，而是會用鋒利的石刀將獸皮裁成各種形狀，用骨針和線將獸皮縫製起來。

不過衣服不能縫得密不透風，要能穿得上，同樣也得能脫得下來啊！所以衣服的前襟是敞開的，要是感覺冷了，就用手把前襟合在一起，當然，這樣也不是很方便。

阿卡倒不在意這個問題，他覺得有了特製的獸皮外套，走在外面都風光很多，於是他幹勁十足地想：「我一定要獵到更多的獵物，讓媽媽、老婆、女兒做更多的衣服！」

有一天，他在樹林裡時，不經意間和一頭猛虎相遇。

雖說阿卡有豐富的狩獵經驗，但這隻老虎的個頭實在太大了，他無法與之抗衡。

阿卡猶豫了片刻，便轉身逃跑。

老虎窮追不捨。

此時阿卡成了獵物，而老虎則成了狩獵者。

阿卡飛奔向前，卻沒忘抓緊手中的長矛，他在潛意識裡認為，如果不

幸被老虎追到，他起碼也要拼死一搏，這樣才不至於死得窩囊。

阿卡跑著跑著，忽然看到前方的路被兩棵大樹擋住了，而兩樹的中間只有一道很窄的裂縫，不知能否爬進去。

完了！這是上天不讓我活啊！

阿卡幾乎要絕望了。

為了活命，他只能從樹縫中爬進去，就在他剛鑽出樹縫的一剎那間，他的腰被一個硬邦邦的東西猛地撞了一下，撞得他一頭栽倒在草地上。

這時，他的身後傳來了老虎淒厲的咆哮聲。

阿卡緊張地向背後望去，頓時大笑起來。

原來，老虎捕食心切，竟然不顧樹縫的狹小，妄想衝過縫隙，結果被卡在了縫中，動彈不得。

既然老虎成了困獸，阿卡就輕易地把牠給殺死了，當晚，他拖著死虎回到家中，家裡人都非常高興。

阿卡小心地把虎皮剝下來，接著，賢慧能幹的妻子開始割肉，而女兒們則商量起該如何裁剪這張虎皮。

阿卡聽著女兒的討論，眼前又浮現出老虎頭被樹縫夾住的情景，在一瞬間，他忽然有了靈感：如果衣服上裁出一條細縫，然後再放個圓圓的東西進去，兩片衣服不就能扣上了嗎？

他連忙將這個想法說了出來，大家聽了之後都覺得是很不錯的方法，便商量著怎麼去做那個「圓圓的東西」。

第二天，阿卡的女兒找來了幾塊圓形的小石頭，然後和母親一起把石頭磨得薄薄的，為了讓石頭能縫在衣服上，她們又在石頭上鑽出了兩個小

孔，這樣，第一顆鈕釦就這麼做成了。

　　女人們將鈕釦縫到新做好的虎皮衣服上，發現新衣服的前襟終於可以不用手就能合上了，而且還能脫下來，立刻歡呼不已。後來，她們又做了更多的鈕釦，而鈕釦這項發明也因此流傳了下來。

【Tips】

　　鈕釦為何男士在右，女士在左？

　　因為現代服飾是以西方服飾為基礎的。西方人普遍穿著襯衫和西裝，鈕釦在右邊符合人扣鈕釦的姿勢習慣。

　　而在若干年以前，在西方，小姐們一般是不自己扣鈕釦的，而是由伺候小姐穿戴的女僕扣鈕釦，為了讓女僕扣鈕釦的時候方便，所以女士服飾的鈕釦和男士是相反的。

窯工在古代原來是武器專家
磚是怎麼產生的

　　磚是現代建築不可或缺的工具，沒有了它，一棟棟房子就建不起來，中國人就只能繼續用木材蓋房子，而西方人還得吃力地尋找石頭做建築原料呢！

　　那麼磚是從何時出現的呢？

　　這要追溯到原始社會一個名叫「陶」的人身上了。

　　當時人們已經懂得使用火，經常用火來烤食物，不過天公有時並不作美，總會颳起大風，火苗就被吹得奄奄一息，眼看就要熄滅了。

　　為了保護火種，人們想了一個辦法：用泥土圍成一個四方形的牆，只在最上面留一個孔洞，這樣火就不容易滅了，而且還能防止煙燻。

　　很快，問題又來了，泥做的圍牆怕水，被雨水一沖就垮了！

　　「唉！這該如何是好啊！」人們搖頭嘆息。

　　這時，陶出場了。

　　他發現，即便圍牆被沖垮，圍牆靠火的那一面卻變得有點硬，甚至可以說是結實。

　　他靈機一動，心想：「如果讓圍牆的裡外都被火烤一下，不就能防止雨水了嗎？」

　　於是，他將圍牆砌成了一個四面土坯，待土坯靠火的一面被火烤得差

不多時，就把土坯給「轉」一下，讓未受火烤的一面開始承受高溫，由於轉的次數太多了，陶便把這種土坯稱為「磚」，世界上的第一塊磚就這麼誕生了。

不過這種磚並非做為房屋建築而用的，只是為了保護火種，而且在燒製過程中，很容易就碎成更小的塊狀，讓陶懊惱不已。

有一天，他燒製的磚又碎了，他拿起一塊磚渣在手上掂量，思索著改善磚的辦法。

在掂量磚的時候，他覺得磚硬得像塊石頭，不由得轉念一想：「為何不用磚來打獵呢？這樣就省得四處尋找石頭了！」

他想到這一點，頓時雀躍萬分，開始造一種適合狩獵用的磚器。

很快，部落裡的競技比賽如火如荼地展開了，陶拿著自己燒製的磚去報名，卻遭到了人們的一致嘲笑。

部落的酋長也笑道：「大家用的都是鋒利的石頭，你怎麼用磚啊？這樣行嗎？」

陶卻胸有成竹地拍一拍胸脯，保證道：「放心吧！我肯定讓你們大吃一驚！」

他還真的做到了。

在投擲環節，他不僅將磚擲出了十五米遠的距離，還深深地砸進了一塊木頭中，勝過了所有的參賽者。

這下，酋長也驚嘆了，他連忙把陶召到眼前，拿起陶的磚仔細觀察。

這塊磚的中間比較厚，但四周被捏成鋒利的片狀，而且還硬如石器，因為比石頭輕，所以能飛出很遠。

酋長很高興，拍著陶的肩膀說：「你就給我們多造一些磚吧！這種新武器一定能打到很多獵物！」

於是，陶愉快地接受了任務，他認為自己承擔了全族的使命，因此興奮地連飯也不吃了，就開始研究起燒製武器的事情。

陶的老婆館卻不高興了，她不停地嘮叨著：「你先吃飯，這麼多武器，不是一時半會兒能燒完的！」

陶不聽，館氣不過，就數落起來：「你看你要燒武器，就得有一個很大的爐子吧？你怎麼砌那麼高、那麼大的爐子呢？」

陶聽後覺得有道理，他不可能捏出一整面泥牆，而且即便捏出來了，泥牆也很容易坍塌。

乾脆，就將泥牆變成一塊一塊的磚，堆積在一起不就可以了？

陶為自己的靈感暗自叫好，他激動地抱起妻子轉了好幾圈，把館都給轉暈了，她皺著眉頭說：「快點放我下來吧！」

由於陶一個人做不了那麼多磚，他就跑到酋長面前，要酋長給他多撥點人手，以便造一個很大的爐子。

酋長聽陶說這個爐子能燒製出相當多的武器，當然十分開心，不停地說：「要的！要的！」

於是，大家跟著陶一起忙碌起來。

他們將摻著水的泥土捏成大小相等的形狀，後來陶覺得麻煩，就燒製了專門做磚的模具——一個凹槽一樣的東西，這樣大家做磚的時候，只要把泥土填滿凹槽就可以了。

憑藉著「磚」，部落裡生產出了大量的武器，而陶也成了名人，備受

大家愛戴，至於燒製磚的爐子，因為酋長不停地說「要的」而有了「窯」的稱呼。

　　從此，窯工這一職位便產生了。

【Tips】

　　人們常說「秦磚漢瓦」，這是泛指磚瓦在秦漢時代品質較高，已經基本定型。而真正出現磚瓦的時代要比秦、漢早得多。據考古發掘，商朝前期，已有瓦出土。到西周中期，宮殿建築的頂部全部用瓦覆蓋。磚的出現要比瓦晚得多，古人把磚稱為「甓」，出現於戰國時代，很薄，形體正方，無花紋，有時會被認為是瓦。

10
隆冬時節的饋贈
由鳥巢變成的帽子

在強調個性化的當代，帽子是人們的服飾之一，它不僅有禦寒的功能，還兼具裝飾性，能夠更好地展現人們的魅力。

不過在古代，帽子可沒那麼多功能，它的用途只有一個，就是保暖。帽子的發明還得歸功於黃帝，確切地說，是黃帝手下的兩員猛將——胡曹和于則。

有一年的冬天，大雪如棉絮般蓋住了大地，北風呼呼地吹，天地間除了刺骨的寒冷再無其他。

由於這年的嚴寒來得特別早，很多動物在秋天的時候就銷聲匿跡了，導致獵物大大減少。

黃帝看到宮裡儲備的過冬食物太少，覺得不妥，就派胡曹和于則去山裡狩獵。

胡曹是個莽漢，他一聽說要打獵，趕緊去拿弓箭，說：「大王，包在我身上，我一定為你帶回來很多獵物！」

在他旁邊的于則見他穿得很少，連衣服前襟都敞開著，就好心勸他：「你還是回去先穿好衣服再進山吧！」

沒想到，這句話把胡曹激怒了，胡曹瞪了一眼于則，甕聲甕氣地說：「大丈夫怕什麼嚴寒！我才不像某些人一樣，穿著行動不便，像個娘兒

們！」

于則見胡曹不領情，反而罵自己，心裡也來了氣，就嘲諷道：「好啊！我看誰到時凍得邁不開步子，拖了大家的後腿！」

黃帝見自己的手下為這點事吵了起來，又好氣又好笑，命令道：「胡曹，你的確穿得有點少，還是添些衣服為好。」

既然老大這麼說了，胡曹不敢違抗，但他依舊對于則的話語耿耿於懷，為了表明自己的立場，他和自己手下的士兵並沒有穿太多的衣服。

結果，當狩獵隊伍進入山中後，胡曹這才感覺到後悔。

山上不比平原，因為海拔高，所以氣溫尤其低，地上的積雪沒過了人的膝蓋，凍得大家哆嗦個不停。

胡曹咬牙堅持著，可是任憑他再強壯，在嚴寒的侵襲下，也漸漸吃不消了。

他的兩隻耳朵和鼻子已被凍得通紅，雙手也如兩坨堅硬的冰塊，就快要失去知覺。

不行，不能讓于則笑話自己！胡曹暗自在心中激勵自己，強逼著自己表現出一副興高采烈的模樣。

可是他的部下就沒有這麼好的體魄了，只聽一聲尖銳的慘叫聲過後，一個士兵捂著耳朵跌落馬下。

大家心下一驚，連忙轉頭看去，發現這名士兵的耳朵竟然被凍掉了，鮮血則在很短的時間內凝結成冰，變成了一個紅色的透明晶體掛在士兵的耳邊，看起來十分嚇人。

「啊！」好多人都嚇到，不由自主地捂上自己的耳朵。

哪知這個舉動是錯誤的，嚴寒已經使耳朵極為脆弱，經不起再三揉搓，一時間，十幾個士兵一齊淒厲地叫起來，他們的耳朵都被凍掉了。

胡曹看著部下的慘狀，這才懊悔沒有聽從于則的勸說，結果導致這樣的局面。

情緒低落的胡曹對著天空射了一箭，以發洩內心的抑鬱。

巧合的是，他將樹上的一個鳥窩射落下來。

胡曹撿起鳥窩，發現窩裡有很多柔軟的羽毛，他伸手摸了一下羽毛，感覺有一種前所未有的溫暖，而鳥窩似乎也挺大，便忽然受到啟發，將鳥窩扣在了自己的頭上。

頓時，胡曹覺得頭頂暖和多了，也不怕北風吹痛自己的耳朵和眼睛了。

他哈哈大笑起來，讓士兵們去尋找鳥窩，然後戴在頭上。

大家知道鳥窩能夠禦寒，便紛紛效仿，實在找不到鳥窩的人也尋找了一些雜草包在頭上，以保持自己的體溫。

當于則看到胡曹頭上的鳥窩時，他驚奇不已，建議胡曹改良一下鳥窩。

這一次，胡曹沒有表示反對，他回家後用麻布做了一個中間凹陷的圓形物品，還推薦其他人也跟著自己做一個，這便是帽子的雛形了。

　　早期的羅馬，帽子是自由合法公民的象徵。

　　到了中世紀，帽子的等級觀念更是明晰：破產者戴黃色的帽子；國王戴金製皇冠；囚犯戴紙帽子；公民戴暗色的帽子等等。

　　如今的帽子少有等級的差別，但仍有職業的劃分，如律師帽、護士帽、軍帽、警帽、博士帽等。還有某些特製的帽子，比如「廚師帽」，帽子越高代表廚師的等級越高。

尖帽在西方是巫師的象徵，中世紀被宗教裁判所判為巫師並處以火刑、淹刑的人，遊街示眾的時候就戴這個。

11
愛美到不要命的羅馬人
令女人癡迷的口紅

塗著口紅的女士曾稱為「撒旦的化身」，雖然受到的阻礙重重，卻最終全面佔領了女性的生活。

早在西元前三千多年前的蘇美爾文明中，人們已經開始使用白鉛和紅色岩石粉末裝飾嘴唇了。而到了古埃及，塗抹口紅之風氣更盛，人們所用的口紅，多取自代赭石，有的會混合樹脂樹膠以增加黏性。

古希臘一開始將口紅打上了「禁忌」的烙印，這種化妝品只屬於妓女的專利，後來經不起美麗的誘惑，上流社會也開始流行了起來。

繼承了古希臘傳統的古羅馬人，最終讓口紅變成了真正意義上的口紅——可以長久保持雙唇的色彩。

眾所周知，羅馬人愛美的本性是出了名的，比如貴族婦女會花上一整個上午的時間來敷面膜、打理頭髮、化妝，而男人們則會花一天的時間來泡澡、薰香。

當然，女為悅己者容，女人的化妝用品還是要比男人多很多，她們喜歡白膚金髮，認為那是貴族的象徵，所以染髮行業和面霜製造業是最發達的。

但是，當很多貴婦確實做到了面白如紙，問題也就來了，她們的嘴唇顏色實在太淺了，導致整張臉看起來毫無血色，而從遠處望去，好似一個

個白面鬼。

有一些婦女很受不了這點，她們想盡辦法要讓嘴唇紅起來，其中有一個叫尤利婭的女人整天喝葡萄酒，希望紅酒的顏色能浸潤入唇間，讓雙唇擁有血染的風采。

每天早上，當她美膚完畢，就開始喝紅酒，晚上吃飯時，紅酒更是她必不可少的飲品。為了讓自己不「掉妝」，她還命僕人製了一個小酒瓶，瓶內裝滿了葡萄酒，沒事的時候就「喝兩口」。

尤利婭並不覺得自己的行為有什麼不妥，直到有一天，她丈夫蹙緊眉頭對她說：「尤利婭，妳能不能別再喝酒了，我受不了妳滿身酒味！」

尤利婭頓時很受傷，她覺得丈夫一定把自己當成了酒鬼，實際上，她只是想讓自己變得漂亮一點啊！

她哭了一晚，第二天，她起了個大早，連妝都沒好好化就上了街，敲開了化妝品店老闆的大門。

「稀客，稀客啊！」精明的老闆見有貴婦駕到，連忙眉開眼笑地表示歡迎。

「你這裡有沒有可以讓嘴唇變紅的化妝品？」尤利婭開門見山地問。老闆愣了一下，他在腦中飛快地想了一下，搖頭道：「沒有，不過……我可以造出來。」

「真的嗎？」尤利婭的眼睛都亮了，整張臉也神采飛揚起來，使得她煥發出一種特別迷人的魅力。

真是個美人啊！老闆心驚蕩漾地想，他點了點頭。

尤利婭迫不及待地詢問起來：「那東西要多久才能給我？價錢如何？」

這可給店老闆出了個難題，他又飛快地想了一下，用商量的口氣說：「妳一星期後來取吧！價錢我們到時再商量。」

尤利婭聽後，歡天喜地地走了，店老闆則開始冥思苦想起來：怎樣才能造出那個能使人嘴唇發紅的玩意兒呢？

其實老闆之所以答應尤利婭，是因為他已經發現紅酒的沉澱物塗抹在皮膚上能使膚色發紅，不過持續的時間不夠長，而且很容易被水沖洗掉。

這一天晚上，當老闆打烊回家後，他的小女兒利拉捧著一束紅玫瑰興高采烈地走了過來，說：「父親，我在花園裡栽種的玫瑰已經長成了，你看漂不漂亮？」

老闆一見玫瑰那奪目的紅色，頓時有了想法：玫瑰這麼紅，它的汁液肯定也是紅的，說不定能使嘴唇變得很紅呢！

想到這裡，他接過了女兒手中的玫瑰，興奮地說：「利拉，我將要研究一項偉大的發明，如果成功了，妳就是一個大功臣！」

利拉很驚奇，她問是什麼發明，但老闆父親不肯透露，他走進了自己的工作間，開始忙了起來。

老闆將玫瑰花瓣榨成汁，然後與紅酒的沉澱物混合在一起，果然效果驚人，他叫來了女兒利拉，將汁液塗抹在她嘴唇上，瞬間，利拉的嘴唇就鮮豔如紅玫瑰了！

「真好看呀！」利拉對著鏡子讚嘆道。

可是這種汁液還是容易掉色，在接下來的六天中，老闆嘗試在汁液中添加了很多東西，卻均以失敗告終。

直到第七天的早上，他碰翻了一瓶水銀，便抱著試試看的心理在汁液

中將水銀添加了進去。

　　他將這種混合液塗在手上，謝天謝地，直到貴婦尤利婭來到店中，他手上的紅色也仍未褪去。

　　「親愛的夫人，我已經製好了妳要的東西，請看！」他將手上的那抹紅顏色展示給尤利婭看，而後者大為驚喜。

　　老闆遂將混合液裝入精緻的瓷瓶裡，賣給尤利婭，這便是口紅的前身了。

　　尤利婭使用了口紅後覺得非常好用，就賣弄起來告訴了身邊的好友。

　　很快，羅馬的婦女都知道了這種能使嘴唇變紅的液體了，便一窩蜂來找店老闆買。

　　然而，那時的人們並不知道，水銀對人體是有毒的，而這種口紅中的水銀會隨著唾沫被人吃進嘴裡，造成慢性中毒，羅馬的女人們為了美麗，竟然付出生命的代價！

【Tips】
　　英國女王伊莉莎白一世，是口紅發展史上的一位里程碑式的人物。她的口紅用胭脂蟲、阿拉伯膠、蛋清和無花果乳配製而成，顯現出獨特的紅色。她還以石膏為基材發明出固體唇彩，這也成了現代口紅的遠祖。

英國女王伊莉莎白一世

12

沒錢付郵資的姑娘

第一張郵票的由來

　　很多人在小時候都寫過信，寫完後將信紙裝入信封，再在信封上貼一張代表郵資的郵票，投入郵筒中，這封信就可以開始它的漫長旅程了。

　　雖然現在用紙寫信的人很少了，但是對於郵票，大家肯定不會陌生，而集郵愛好者們更是將其奉為心頭好，費盡心思地去收集。

　　郵票是舶來品，它最早出現在英國，與一個貴族和一個窮姑娘有著深厚的淵源。

　　在十九世紀三〇年代，羅蘭・希爾是倫敦一所中學的校長，他喜歡在午飯過後出去散散步。出於一個教育者的職業病，他還喜歡四處觀察人，而這個習慣導致了郵票的誕生。

　　一天，希爾散步到鄉間時，正好來到一戶人家的門口。

　　門口有一位美麗的姑娘，正和一個郵差在說話。

　　希爾感慨姑娘驚人的美貌，便駐足傾聽。

　　只聽見姑娘滿懷歉疚地說：「請你把信退回去吧！」

「郵票之父」——羅蘭・希爾

郵差自然很不高興，他費了很多精力才來到這裡，而且鄉間的路不是很好走，如果對方不肯收信，他這一趟不是白來了嗎？

「親愛的小姐，這就是妳的信，妳為什麼不肯收，妳這樣做讓我覺得不可思議！」郵差生氣地說。

這時，姑娘俏麗的臉變紅了，她的額頭上滲出亮晶晶的汗水，在陽光的照射下宛若璀璨的鑽石。

「我沒有錢收信，請你……把信退回去吧！」姑娘小聲地說，她的頭低著，顯得很不好意思。

郵差更加不高興了，他嘟囔著：「妳不能總是這樣，都好幾次了，妳不能一次也不收信吧？」

姑娘的頭低得更厲害了，她儘管一再表達了歉意，卻始終堅持讓郵差退信，並懇請郵差看在自己沒錢的份上不要再指責自己。

希爾見姑娘實在可憐，就走上前去，笑著對郵差說：「你不要怪她，我來替她付錢。」

姑娘一聽希爾的話，大為吃驚，她剛想阻止希爾，對方卻已經拿錢交給了郵差。

郵差把信塞到姑娘的手裡，離開了。

這時，姑娘捧著信，對希爾深深地鞠了一躬，感激地說：「尊敬的大人，您不必為我付錢，因為我已經知道信的內容是什麼了。」

希爾驚訝地瞪大眼睛，疑惑地問：「妳是怎麼知道的？」

「是這樣的。」姑娘把信遞到希爾眼前，指著信封左上角一個十字形和圓圈形的筆跡對他說，「我和未婚夫做了約定，他知道我沒錢收信，就

用十字來表示他一切安好，而這個圓圈，則代表他找到了工作。」

原來如此！希爾不禁為姑娘的智慧感慨不已，但同時他也意識到一個問題，那就是郵資太貴，讓平民百姓消費不起。

當時的郵資是按郵件送遞路程遠近和信件紙張數量分別逐件計算的，即「遞進郵資制」，費用由收件人支付。按照規定，郵程在十五英里之內收費四便士；二十英里內收費五便士；三百英里內收十三便士……除此之外，按照郵遞條件還會另加郵資。因此當時的郵資是非常昂貴。

據記載，一封從倫敦到愛爾蘭的信件就要花費一個鐵路工人一個月工資的兩成。如此高昂的郵資不僅平民望而卻步，連國會議員也難以承受，為此國會竟決定議員可享有免費郵件。

希爾決定改良這種狀況。

他用了幾年的時間發明了一張印有英國女王頭像的小紙片，面值為一便士，由於底色是黑的，所以俗稱「黑便士」。

同時，希爾呼籲有關部門對重量在〇‧五盎司以下的信件一律收費一便士，這樣寄信的人只要在信封上貼上一張「黑便士」就可以了。

為了展現人人平等的原則，他還要求免除貴族、官員享有的免郵資特權，結果，他的提議激怒了英國政府，官僚們對希爾的請求不予理睬。

希爾並沒有放棄，他出版了一本小冊子，對老百姓講述「黑便士」的好處，很快就贏得了社會的支持，迫於壓力，英國下議院不得不重新考慮希爾的建議。

最終，「黑便士」成功在英國發行，讓很多人享受了福利。

這是世界上的第一張郵票，是沒有齒孔的，需要用膠水塗在背後，然

後黏在信封上。

　　英國維多利亞女王的寵臣提出抗議，他認為「黑便士」的表面印著女王的頭像，怎麼能在女王的背後塗膠水呢？這有損女王的尊嚴啊！

　　女王聽了寵臣的話後，覺得有道理，就下令：禁止在「黑便士」上塗抹膠水。

　　人們沒有辦法，只好用別針把「黑便士」別到信封上，可是又發現郵票很容易掉，後來大家乾脆不管禁令了，又開始使用起了膠水。

　　至於英國女王，她自己也覺得用別針不方便，因為她也要寫信貼郵票了，於是給郵票塗膠水的方法就保留下來，一直到今天。

【Tips】

　　黑便士郵票也有其不足之處，郵票上的黑色郵戳不易看清，且容易洗掉，因此有人鑽漏洞將其反覆使用。為此，之後的一便士郵票改用紅色印刷，西元一八四一年二月十日，紅便士宣告誕生。

黑便士郵票

13
它曾是皇室御用品
小小鉛筆的變遷

鉛筆，是當代最常見的一種書寫工具，也許有人會因為它的普通而小看它，但你知道嗎，在十八世紀以前，它可一直是皇室的御用品呢！

在西元一五六四年，人們在英格蘭一個名叫巴羅代爾的地方發現了一種奇特的礦物，它比鉛要黑，而且能在紙上隨意畫出形狀，這就是石墨。

當地的牧羊人很早就知道石墨的用處，他們拿它在羊身上做記號，以辨別是否有迷路的羊。受此啟發，外地人也跟著照辦，他們把石墨切成一條一條的長方形，然後在紙上寫寫畫畫，覺得非常實用。

不幸的是，這個消息被英國王室知道了，貪婪的國王喬治二世下了一道命令：巴羅代爾的石墨礦為皇室所有，外人一律不准開採！

對此，民眾怨聲載道，可是國王的命令誰敢違抗呢？大家只好在心底把憤怒壓了下來。就這樣過了兩百年，巴羅代爾的石墨一直是英國王室的御用品，好在石墨礦並非只有英國才有。

後來，大家漸漸接觸到了石墨這一物質，石墨這才流行起來。

不過用石墨寫字還真不方便，因為它會將人的手弄髒，往往是字寫完了，手也髒得不成樣子了。而且，石墨很軟，容易被折斷，寫起字來就沒那麼快了。

好在一名化學家解決了這一難題。

西元一七六〇年，一個名叫法貝爾的德國化學家用水沖洗石墨，將其變為石墨粉，然後再添加硫磺、銻、松香等物質，製出一種混合物，再將混合物搓成條狀。這樣一來，石墨的韌性大大增加，而且書寫時手也不會太髒了。

　　法貝爾知道自己的發明是一個致富途徑，於是他開了一家工廠，專門生產這種石墨，果然大受歡迎，而且產品還遠銷英、法等國，成為一個國際性的品牌。

　　又過了近三十年，赫赫有名的拿破崙‧波拿巴上臺執政，他一心擴大法國領土，就與英國和德國打了起來。

　　英、德國非常生氣，對法國進行經濟封鎖，在當時，石墨只在這兩個國家才有，因此國外的石墨便再也進入不了法國。

　　拿破崙在打仗時喜歡寫情書給皇后約瑟芬，日子久了，他發現石墨的供應量越來越少，不禁大動肝火，找來軍需官問罪。軍需官誠惶誠恐地告訴拿破崙：「因為英國和德國封鎖了石墨的供應，所以國內的石墨大大減少了。」

　　拿破崙聽後也沒有辦法，他總不能為了石墨而停止戰爭吧？再說了，如果他能將英、德國「拿下」，那豈不是想要多少石墨就有多少嗎？

　　正當拿破崙為石墨筆大傷腦筋時，畫家康蒂的發明為他帶來了福音。

　　當時，鉛筆運不進來，這對法國的作家和畫家們來說，無異於斷了糧食。

拿破崙在杜伊勒里宮書房

當時，有一位名叫康蒂的畫家，下決心自己研製鉛筆。

康蒂知道，石墨的數量很有限，必須用盡量少的石墨生產盡量多的鉛筆。為了達到這一目的，他嘗試在石墨粉末中加入不同數量的黏土，得出的結果讓他驚喜不已。

康蒂發現，當石墨與黏土按照不同比例結合，會產生出不同硬度的鉛筆，而且鉛筆的顏色也會不盡相同。

更重要的是，鉛筆因黏土的加入而變得不易折斷了。

這樣的鉛筆一經問世，立刻大受歡迎。

據說，拿破崙也很喜歡使用這種筆。康蒂改良的鉛筆因為非常好用而在全世界流傳開來。

後來在美國一個叫門羅的木匠覺得用石墨條寫字還是太髒了，就發揮創意，為石墨套上了木質的「外衣」，於是，一款與今天沒有太大區別的鉛筆誕生了。

【Tips】

鉛筆現在仍叫做鉛筆，是因為最早鉛筆的原型可以追溯至古羅馬時代，古羅馬人用紙莎草紙包裹一塊鉛來書寫。後來，又因為人們將石墨誤以為是鉛的一種，因此「鉛筆」一詞在諸多語言及東亞語言中流傳下來、廣泛使用而未修正。

14
由打水而獲得的靈感
商業之祖范蠡與秤

秤的歷史非常悠久，在人們從事商業活動起，秤就與民眾形影不離。

在秤的家族中，屬桿秤的輩分最大，而它是由中國人發明的，發明者就是中國商業的祖師爺范蠡。

范蠡是春秋時期的楚國人，他幫助楚王勾踐打敗了吳國，然後就功成身退，浪跡江湖行商維生，賺得金銀滿缽，是一個很具有傳奇色彩的人物。

范蠡天生擁有商業頭腦，凡是跟做生意有關的事情，他都會仔細思量，直到想出一個對自己最有利的方式為止。

在他剛步入生意場時，他發現了一個問題：生意人做買賣全憑眼力和手感去估計商品的重量，因為沒有一個能秤量貨物的工具，所以在交易中產生了很多的不便。

正是因為擔心無法秤重，范蠡一開始才沒有選擇需要論斤秤重的商品去販售，他做起了陶器生意，陶器是不用秤的，一個多少錢，明碼標價，幾乎不會與顧客產生糾紛。

范蠡畫像

范蠡的陶器生意很快興盛起來，他整天忙個不停，為自己累積了大量的本錢，還開了好多分店。

當有了更多的錢之後，范蠡就想拓展業務，去賣其他的商品。

他想賣米，可是米是需要秤重的呀！一想到這個問題，他就覺得很傷腦筋。

有一天黃昏，范蠡打烊後走在回家的路上，在經過一口水井的時候，他看到一個婦人正在從井裡汲水。

只見井口旁邊豎起了一座高高的木樁，木樁的頂部安著一根橫木，而橫木正對著井口。橫木的一頭吊木桶，另一頭繫上石塊，此上彼下，輕便省力。

婦人的手法很熟練，看起來也似乎沒費多少力氣，范蠡看著石頭移上移下，心中忽然有了主意：那我在貨物與石塊之間造一根橫木，不就行了嗎？

他立刻回到家中，開始做實驗。

他用三根繩子吊起一個盤子，然後將繩子繫在一根木棍的一端，又用一塊鵝卵石讓木棍保持平衡，他將這種工具稱為「秤」，就是能夠秤重的意思。

接下來該如何確定貨物的重量單位呢？

范蠡左思右想，想了好幾個月，依舊沒有頭緒。

一天晚上，他覺得心情不錯，就走出戶外，遠眺夜空。

那一天，群星閃耀，南斗六星和北斗七星都在他頭上放射著光芒，范蠡猛地一拍大腿：有了！就讓一顆星代表一兩，十三顆星代表一斤。

他當即回到屋內，找出閒置了幾個月的秤，把斤和兩的刻度刻了上去。

大功告成後，范蠡對民眾宣傳起了自己的秤，大家覺得很方便，就都用秤來進行買賣了。

後來，范蠡發現有一些奸商總是缺斤少兩，他很生氣，就在十三顆星的基礎上加入了「福祿壽」三星，並苦口婆心地告訴同行：「扣人一兩，自己將失去好福氣；扣人二兩，自己的後人將當不了官；扣人三兩，是折壽行為，多行不義必自斃！」

於是，秤便從十三兩一斤變成了十六兩一斤，直到現代才改為十進位的演算法。

【Tips】

桿秤在耶穌誕生前由遊牧部族傳入了西方，被命名為羅馬秤。羅馬秤兩臂不等，秤物端的秤臂較短，且長度固定不變。在秤量重物時，移動秤桿另一端的秤錘（這樣就改變了該端秤臂的長度），直到秤桿達到水準狀態時為止。使用這種秤可以秤量比秤錘重得多的物體。

15
拿破崙的示愛信物
由裝飾到實用的手錶

「約瑟芬啊！妳是我生命中的陽光，我每天都會為妳而戰鬥下去！」在寂靜的夜裡，能寫出這樣的句子的人，竟然不是詩人，而是一代梟雄，一位至高無上的帝王，他就是拿破崙。

拿破崙對他的第一任妻子約瑟芬的寵愛有目共睹，他不介意約瑟芬是一個有著兩個孩子的寡婦，他在第一次見到約瑟芬時就為她神魂顛倒，而在加冕典禮上，他竟然將皇后的王冠從教皇手中搶過，戴在約瑟芬的頭上。

後來，他去打仗了，經常是數個月不能回法國，只得藉每天的信件一吐相思之苦。

約瑟芬皇后是個識大體的女人，她雖然在深宮中非常寂寞，卻沒有半點責怪拿破崙。為了排遣孤獨，她在法國南部開闢了一個玫瑰園，種植了三萬多株玫瑰，以此打發無聊的時光。

皇后的哀怨拿破崙是知道的，為此他心中充滿了愧疚，便想盡辦法要去彌補。

西元一八〇六年秋天，拿破崙大敗普魯士軍隊，擊潰了第四次反法聯盟，逼得普魯士國王和王后出國流亡，而法國則因此佔領了德國的大部分地區。

打了大勝仗的拿破崙春風得意，他決定要送一件前所未有的禮物給約

瑟芬，便找來自己的寵臣，吩咐道：「請務必給我造一個美麗的、精巧的、受女士喜愛的東西，它最好能被女人們天天使用，卻保證不會遭到嫌棄。」

寵臣聽完這些要求後，額頭上的汗都沁出來了，他暗想：這世上哪有這種東西啊？陛下難道不知道，女人們都是喜新厭舊的嗎？

事實上，拿破崙正是考慮到這一點，才要求屬下將禮物造得實用一點，他希望約瑟芬能把禮物整天帶在身上，那就意味著她和他的心意相通了。

不過這實在給寵臣出了難題，這位大臣回到家中後，和家人一起想禮物的模樣，可是大家的創意都不新鮮，達不到讓拿破崙滿意的程度。

寵臣為此一籌莫展，他接連想了好幾天，想得眼前都出現了幻覺，卻還是一無所獲。

由於得不到很好的休息，他的精神萎靡不振，好幾次外出辦公，都差點錯過時間。

幸好他有一只懷錶，滴滴答答的時針提醒他去做該做的事情，使他不

約瑟芬皇后畫像

在教宗庇護七世旁觀下，拿破崙替跪下的妻子約瑟芬加冕為皇后。

63

至於浪費了時間。

當這名大臣再一次拿出懷錶之時，他笑了起來，心想：我為什麼不給皇后做一個錶呢？皇后也需要看時間啊！

在那個時候，能告訴人們時間的，除了鐘，便是懷錶了，而懷錶只有男人才會攜帶，女人們是不會攜帶的。

想到這個好點子後，大臣立刻找來能工巧匠，讓他們做一個能戴在手上的「手錶」。

其實這種手錶的主體與懷錶差不多，只是因為要佩戴在手腕上，所以錶帶發生了變化。

工匠們經過思量，將錶帶用黃金打造成了手鐲的模樣，同時，為了讓手錶變得美觀，錶帶上還綴有鑲嵌著寶石的流蘇，這樣當皇后戴起來，手腕上便宛如閃射著光芒的溪水在流動，顯得魅力十足。

當這隻手錶造出來後，寵臣欣喜地捧著它去見拿破崙。

拿破崙看到手錶後也是讚不絕口，他心花怒放地說：「皇后見了肯定高興，我要重重地賞你！」

約瑟芬皇后確實很喜歡這個手錶，她經常戴著它出席各種重要的宴會。

上流社會的貴婦們很快注意到皇后的手錶，她們個個都很羨慕，回家後也找人替自己做了一個。

就這樣，手錶做為地位的象徵和女性的裝飾品，開始普及起來。

後來，男人們也戴起了手錶，不過他們可不是為裝飾而戴的哦！

　　十六世紀初期，德國紐倫堡有位叫做亨藍的天才鎖匠造了一個鐘，驅動這個的不再是之前機械鐘的大錘碼，而是個圈繞的鐵彈簧（也就是發條）。 亨藍所造的這個蛋形小鐘，可以說是人類第一個錶，後來稱為「紐倫堡之蛋」，當時在歐洲的富豪階級非常流行。

16
在課堂上問出的發明
伽利略與體溫計

伽利略是義大利有名的物理學家，他做了很多著名的實驗，還發明天文望遠鏡，讓人們對他的智慧佩服得五體投地。

一些人理所當然地把伽利略當成了神，就跑到伽利略所在的學校找他，請求他幫忙解決各種問題。伽利略對此頗感無奈，因為有些事情他實在愛莫能助，只能讓提問的人失望了。

有一天，幾個醫生冒著雨來到伽利略面前，他們誠懇地說：「我們經常遇到發燒的病人，可是我們卻不知他們的體溫到底是多少，也就不能準確地用藥，請你幫幫我們，想個辦法來測量體溫吧！」

伽利略聽後心中一動，這一次他無法再直接拒絕醫生的請求，因為量體溫是治病的重要步驟之一。如果能解決這一難題，對民眾的健康無疑是十分有利的，所以哪怕再難，他都要試一試，看自己能否發明出一種能測量體溫的儀器。

不過發明這種儀器看起來並不是那麼容易，伽利略想了好多天，依舊一點頭緒也沒

伽利略雕像

有。

　　有一天，他給學生們上物理課，當講到熱脹冷縮的效應時，他提問道：「為什麼當水溫升高，水位會在水壺內上升？」

　　一個學生站出來回答道：「因為水的溫度越接近沸點，水的體積就變得越大，水受熱膨脹，水位自然就上升了。」

　　伽利略點點頭，稱讚道：「很好！」接著他繼續開講。

　　但不知為何，剛才自己提出的那道問題一直在他腦海中浮現，而學生的回答也在他耳邊迴響：溫度越高，體積越大，水位就會膨脹上升了！

伽利略溫度計

　　如果溫度是人的體溫，不也是一樣的道理嗎？

　　沒錯！他終於找到答案了！

　　伽利略興奮地大叫了一聲，全然不顧自己還在上課，就飛奔回實驗室，留下一堆學生在教室裡莫名其妙。

　　伽利略發明溫度計的過程是：把一根一端帶圓泡，另一端開口的玻璃管，垂直地插進一杯染色的水中，當周圍的氣溫發生變化時，管內水柱的高低也隨之發生變化，由此得知氣溫的高低。

　　空氣的溫度可以量出來，可是人體的溫度如何測量呢？

　　伽利略的朋友，義大利科學家桑克托里斯將溫度計的形狀做了改進，他把溫度計改成彎曲的蛇形，體積改得更小，玻璃管帶泡的一端可含進嘴

裡，以測出體溫。

　　由此，桑克托里斯成了世界上科學測量溫度方法運用於醫學的第一人。醫生在臨床上開始使用這種體溫計，發現果然有效，就開始大範圍地推廣，從此，檢查病人的體溫就不是什麼難事了。

　　可是，醫生們卻遇到了一個麻煩，那就是體溫計裡的水柱升降除了受氣溫的影響外，還受到大氣壓力的影響，僅憑水柱高低測量氣溫的變化往往欠缺準確性。

　　後來，人們改用酒精代替水，製成一種不受大氣壓力影響的溫度計。接著，又用水銀代替酒精製成另一種溫度計，從此，這種溫度計開始被廣泛應用於臨床診斷。

【Tips】

　　西元一七〇九年，德籍荷蘭物理學家華倫海特發明了酒精溫度計；西元一七一四年，又用水銀代替酒精，從而在溫度計的標記劑方面取得了關鍵性進展。同時，華倫海特制訂了第一個標準溫標，即華氏溫標。

　　華氏溫標規定在標準大氣壓力下，冰的熔點為 32°F，水的沸點為 212°F，中間有一百八十等份，每一等份為華氏一度。

17
手帕與絲帶的另類繫法
解放婦女的胸罩

提起胸罩，女人們必定不會陌生，相信這世界上的成年女性沒有一天不與之為伴。如今的女性對內衣的要求很高，為滿足她們的需要，胸罩的款式、花色、裝飾物等也是日日翻新、層出不窮。

古人卻沒那麼講究，在胸罩誕生之處，只注重束胸功能，而且它的組成也非常簡單，竟然是用兩方手帕做成的。

二十世紀上半葉，遠離第一次世界大戰戰場的美國經濟勢頭發展迅猛，人們身處和平的環境中，便增添了很多玩樂的興致，不時開個舞會，辦辦聯誼，活得特別瀟灑。

西元一九一四年，美國一個城市要舉行一場名為「盛大巴黎」的舞會，還打出廣告，說要在舞會中推選出一位舞會皇后，遂呼籲全城女性都來參加。這個消息讓城中上流社會的女性都激動起來。

美國是個移民國家，而且資本主義化進程要比歐洲快很多，所以很難擁有像歐洲人那樣慵懶的貴族式情調，這也使得很多美國女性對貴族氣質心馳神往，幻想著自己上輩子是個落難公主或皇后。

如今有了這樣一個出名的機會，女人們自然是趨之若鶩，於是乎，城內的裁縫被貴婦們團團包圍，而女僕們也為了女主人的首飾、化妝品奔跑於各大百貨商店，一時間，全城被一種熱鬧而又緊張的氣氛所環繞。

這時，有個名叫瑪麗・菲利浦・雅各的太太有了一點小煩惱。

她長得姿色一般，更要命的是，因為生過孩子，她的胸部下垂了。

當時的美國婦女和現代女性一樣，也以大胸為美，所以胸部豐滿的女人自然更能吸引他人的目光，而小胸或胸部下垂的女人，則會覺得很沒有自信。瑪麗並不是個沒有自信的女人，她的女僕對化妝很在行，每次出門前都能把她打扮得如花似玉，而她的裁縫也是個頂尖的人才，會給她做很多能巧妙掩飾她胸部缺點的衣服。

可是要去參加舞會，肯定是穿那種半敞著胸脯的衣服更加有魅力呀！瑪麗懊惱地想。

眼看著舉辦舞會的日子一天天逼近，瑪麗卻一點辦法也沒有，她急得頭都快暈了。她站在巨大的穿衣鏡前，看著自己胸前那兩坨肉，哀怨地想：怎樣才能讓胸部高聳起來呢？

「夫人，我有個辦法！」她那伶俐的女僕湊上前說了一句。

「什麼辦法？」瑪麗狐疑地問，她仍舊用手托著自己的胸部。

「夫人，如果我們用一個東西代替妳的手，不就可以了嗎？」女僕笑道。

瑪麗恍然大悟。

對呀！只要用個什麼布料把胸托住，還是很有優勢的！

瑪麗立刻吩咐女僕尋找可以托胸的布料，後來她又嫌女僕不懂自己的要求，就自己也動手找起來。

由於她的裁縫是個男人，瑪麗不想請他幫忙裁剪布料，當她翻出兩塊綢緞手帕時，那柔順的手感頓時迷住了她。

「有了，可以了！」她將兩塊手帕繫在一起，放在女僕的胸部，演示

給對方看。

「夫人，我們需要一些絲帶，這樣就能把手帕繫在身上了！」女僕雀躍地說。

瑪麗也覺得非常可行，於是兩人又實驗起來，瑪麗一連幾日陰鬱的臉色終於展露出笑顏。

幾天後，瑪麗以一身低胸銀色禮服在舞會上亮相，她那胸脯比在場所有的女性都要高聳。

瑪麗驕傲地挺胸走著，不知不覺將全場的目光都給吸引住了。

之後，瑪麗和女僕生產了幾百個胸罩，但是無人問津。很快，她就放棄了這個「新生兒」，把這項專利賣給了一家生產緊身衣的公司。雖然她一直沒能成功地將她的發明推向市場，但是後來她確實成功地使人們接受了這一點，即她是胸罩的發明者。

【Tips】

關於胸罩的發明者歷來眾說紛紜，有說早在西元一八五九年，一個叫亨利的紐約布魯克林人為他發明的「對稱圓球形遮胸」申請了專利，被認為是胸罩的雛形。西元一八七○年，波士頓有個裁縫還在報紙上登廣告，販售針對大胸女性的「胸托」。但最廣為流傳卻是本書中瑪麗·菲利浦·雅各發明胸罩這個有趣的故事。

18
車輛的增速工具
難看卻實用的輪胎

輪胎是眾人耳熟能詳的物品，如果缺少了它，我們將只能步行，而小至自行車，大至飛機、輪船都不能行動了，這將給人們的生活帶來極大的不便。可是在十九世紀上半葉，全世界還沒有輪胎這個東西，比利時人迪埃茲倒是在西元一八三六年最先提出了充氣輪胎這一概念，但他沒有動手發明，所以人們也仍舊用自行車的輪子直接滾在地面上。

西元一八八八年的一個秋日，一位名叫約翰‧伯德‧鄧洛普的愛爾蘭獸醫正在家中看書，他的兒子、剛滿十歲的小約翰在戶外的草坪上騎自行車。那個時候，自行車的輪子已經從金屬材料改進成了橡膠，不過仍是實心的，就算橡膠富有彈性，也依舊很硬，所以人在騎車的時候仍舊會顛來顛去，而且還有摔倒的危險。

此刻，小約翰已經騎到了石子路上，這一下，自行車更加不穩當了，而他也因為害怕而喊叫起來。

鄧洛普本就不放心兒子，這時聽到兒子的喊叫聲，立刻循聲望去。

只見小約翰的自行車像條蛇一樣地扭來扭去，小約翰無法掌控淘氣的車把，好幾次險些摔倒。

鄧洛普為兒子捏了一把冷汗，他準備隨時衝出去保護小約翰。

小約翰堅持了幾秒鐘，車輪碰到了一顆小石子，頓時失去平衡，重重

地向左側倒下，一頭栽在了地上，忍不住哇哇大哭起來。

鄧洛普趕緊跑到兒子身邊，將兒子抱回屋子，又是清洗傷口又是上藥，手忙腳亂地。

好不容易將小約翰哄睡著了，鄧洛普對著自行車動起了心思。

他想：自行車之所以不穩當，是因為輪子太硬了，如果能將輪子變得軟一點，不就可以讓騎車的人舒適一點了嗎？

他左思右想，覺得自己的思路沒有錯，那麼，關鍵問題是，怎樣才能讓輪子變軟？

他找了一些柔軟的布料、線團，纏在車輪上，但他隨即發現，無論摸起來多輕柔的東西，一旦被綁緊了，也照樣是硬的。

到底什麼東西能既承受重力又能輕捷方便呢？鄧洛普百思不得其解。

幾天之後，他給一頭牛看病，那頭牛得了胃脹氣，一個勁地哞哞叫。

鄧洛普想：牛胃能塞很多青草，也不會壞掉，如果有根管子，裡面充了氣，就像牛胃一樣，再裹在車輪上，豈不就能載重了嗎？

他興奮起來，立即找了一根長長的橡皮管子，將裡面充滿了氣，然後繞在自行車的兩個車輪外緣，他還把這種改良後的輪子放在地上滾了滾，發現確實輕巧多了。可是管子該怎麼繫在輪子上呢？而更重要的是，如何保持它的密封性，不漏氣呢？

為了以防萬一，鄧洛普在管子的外面又塗上了一層橡膠，這樣輪子看起來就很奇怪，像個熱狗似的。

鄧洛普才不管難不難看，他把充氣輪子重新裝回自行車裡，然後自己親自騎了一下，感覺非常棒！

幾週之後，小約翰的學校舉行騎自行車比賽，鄧洛普便讓兒子帶著裝有充氣輪子的自行車參加競賽。當父子倆來到學校後，所有人都對他們的自行車嗤之以鼻，覺得真是醜陋極了。

小約翰面紅耳赤，但鄧洛普堅定地說：「兒子，你放心，你肯定是第一名！」

小約翰半信半疑，當比賽的槍聲打響後，他果然一路領先，並最終拿到了冠軍。

這一下，所有人都對鄧洛普另眼相看，還爭先恐後地來打聽這種充氣輪子怎麼做。

鄧洛普從中看到了商機，他乾脆辭職開了一家輪胎廠，於是，橡膠輪胎便走入了人們的生活中。

【Tips】

早在西元一八三六年，比利時人迪埃茲就曾提出過充氣輪胎的想法。西元一八四五年，英國米德爾塞克斯的土木工程師羅伯特‧W‧湯姆遜發明了用皮包裹，內充空氣或馬毛的輪胎，但沒有實際使用。最終，兩人都與輪胎發明者的稱呼擦肩而過。

19

撿了個大便宜的亞瑟・傳萊

便利貼的改良

辦公室的職員們經常會使用到一種五顏六色的紙，它可以被隨意黏貼於各個角落，提醒人們應該做哪些事情。

夫妻或者同居情侶也非常喜歡它，因為它實在太方便了，可以貼在冰箱上、門上、桌上，而且也不會輕易掉落，簡直是縮小版的記事簿。所以，它的名字就叫做「便利貼」。

但是，人們使用它的機會很多，卻不知這種小東西也有一個發明故事在裡面。

那是在西元一九七四年的一天，美國３Ｍ公司的一個工程師亞瑟・傳萊在教堂做禮拜，他因為嗓音不錯而被選進了唱詩班，在每個禮拜日為大家唱聖歌。

傳萊雖然腦子聰明，但記性卻不怎麼好，尤其面對著一句一句的歌詞，他總是忘了自己該唱哪一部分。

為了不褻瀆神靈，每次在唱詩之前，他總要偷偷地把自己的歌詞寫在一張小紙條上，然後擱在歌本裡。

孰料百密一疏，紙條太小了，很容易

便利貼的發明人亞瑟・傳萊

掉落，結果在一個週末，他像往常一樣打開歌本，卻驚訝地發現寫有歌詞的小紙條順著書縫掉到了地上，而他基於禮貌，不能彎腰去撿。

這可怎麼辦呢？

傅萊正在著急的時候，忽然發現四周一下安靜下來，而所有人的目光都聚集在自己身上。

他的臉一下子紅了，卻不明白發生了什麼事情。

旁邊有個婦女拉拉他的袖子，小聲告訴他：「該你唱了！」

「哦！」傅萊這才恍然大悟。

他著急地翻著歌本，卻發現自己根本不知道哪些歌詞該是自己唱的，只得默默地耷拉著腦袋，說了一句：「對不起！」

人們這才明白過來，不由得發出善意的訕笑，這時傅萊除了感到羞愧外，他還在心中發誓：我一定要造出一種膠水，它能把紙條黏在書上，但在被撕下來的時候又不會把書撕壞。

所以，當務之急就是發明那種膠水。

傅萊便想方設法做研發，但他無一例外地失敗了，有時候他也有點猶豫：是不是根本沒有那種黏性不強的膠水呢？

直到有一天，他在翻閱公司以往發明紀錄的時候發現，原來早在幾年前就有人創造出了自己想要的膠水！

他屏住呼吸，仔細看那種膠水的特性。

原來，當時的員工是想發明一種強力膠，沒想到造出來的膠水只能將兩張紙勉強地黏連在一起，他們很失望，覺得自己的發明失敗了，就放手不幹了。

傅萊發現了這個祕密後，特別興奮，他趕緊將這種膠水稍作改良，然後將其塗在紙片的背後，並申請了專利，於是，便利貼便產生了。

便利貼問世後，受到了人們的廣泛青睞，而傅萊也因此獲得了不少好處，他真是撿了個大便宜，將看似「無用」的東西用到了位，所以機會才會垂青於他。

【Tips】

　　３Ｍ是世界公認的膠帶行業第一品牌，全名明尼蘇達礦務及製造業公司，於西元一九○二年在美國明尼蘇達州成立。西元一九二四年，３Ｍ開始正式的產品研發。此後，ScotchTM 遮蔽膠帶、ScotchTM 玻璃紙膠帶、ScotchTM 乙烯基電子絕緣膠帶、可再次固定的尿片膠帶等創新產品相繼問世。尤其是誕生於西元一九八○年的 Post-itTM 便利貼，讓資訊的交流發生了革命性的變化。

20

被積水濺出來的好點子

半個馬車與自行車

中國有句話叫「塞翁失馬，焉知非福」，翻譯起來就是說，那些看起來對你不利的事物，也許是來幫助你，對你有益的東西呢！

在西元一七九〇年，法國人西夫拉克一整個夏天都在街上奔波，他是個設計師，偏巧這個季節請他工作的人特別多，所以他只得忍受著炙熱陽光的烘烤，穿梭於街頭巷尾。

由於實在太忙了，西夫拉克在心急火燎趕往下一個工作地點的時候，腦子裡已經開始思忖設計方案了。

為了給雇主一個好印象，他必須得提出一些有特色的創意讓人眼前一亮。

這種工作節奏使得他在走路時變得心不在焉，有好幾次他差點被車撞了，如果當時法國有汽車的話，他的小命就有可能保不住了。

一天中午，天公開始陰沉了臉，繼而颳起了大風，豆大的雨點瞬間就從天空砸向了地面。

西夫拉克見雨勢凶猛，只好找了處屋簷避雨，這時候，他仍舊在想著他的工作。

雨下了大約半個鐘頭，終於停了，西夫拉克鬆了一口氣，他得趕緊去雇主那裡，否則就晚了。

當他走在一條狹窄的街道時，一輛馬車橫衝直撞地朝著他奔了過來。

西夫拉克一驚，再也不思考了，而是本能地退讓。

「讓開！快讓開！」馬車夫也不讓馬減速，而是揮舞著鞭子，蠻橫地吼著。西夫拉克快速站到了牆邊，才避免被捲入馬車的車輪下，可是他的腳邊是個大水潭，結果當馬車駛過的時候，濺起了大片積水，把西夫拉克淋成了落湯雞。

「哈哈哈！」車裡的人不僅不道歉，還無禮地放聲大笑，彷彿自己做了一件多了不起的事情一樣。

「真沒禮貌！太囂張了！」旁邊的路人見此情景，紛紛替西夫拉克鳴不平。

西夫拉克卻一臉輕鬆，他仍保持著明媚的微笑，向路人們擺手示意道：「算了，算了，那些人也是可憐人，讓他們去吧！」

當馬車走遠後，西夫拉克又重新出發了，可是他的腳步卻明顯慢了下來，而且他還開始喃喃自語：「道路這麼窄，如果把馬車切掉一半，不就能夠節省空間了嗎？」

當晚，西夫拉克回家後就開始做起了「半個馬車」。

設計師的腦子就是好用，不到半年時間，他就把這種獨特的「馬車」發明了出來。

可是他的家人都笑道：「四個輪子才能穩當呢！你的車才兩個輪子，怎麼控制平衡呢？」

西夫拉克說：「可別小看我的車，它不會倒的。」

為了證明自己的正確性，他就騎上了「馬車」，演示給大家看。

實際上，這種車還不能被稱為「車」，而更像一個玩具，因為它沒有鏈條，只能靠人用腳在地上蹬著才能前進，而且它還沒有把手和轉向裝置，所以到轉彎處全靠西夫拉克用身體帶動車行動，沒多久，就把西夫拉克累得滿頭大汗。家人見西夫拉克氣喘吁吁的模樣，都笑得直不起腰來，西夫拉克毫不氣餒，決心改進自己的車，讓它真正可以載著人前行。

　　可惜不久後他生了一場大病，竟然離開了人世。

　　後人沒有忘記西夫拉克和他的「馬車」，他們給車裝上了橡膠輪子、車把、鏈條和踏板，最終，能夠騎行的自行車呈現在人們眼前。

　　不過，人們並未忘記西夫拉克才是製造自行車的第一人，他們親切地稱他為「自行車先驅」，並永遠銘記著他的功勳。

【Tips】

　　西元一八一七年，德國男爵卡爾·德萊斯開始製作木輪車，樣子跟西夫拉克的差不多。不過，他在前輪上加了一個控制方向的車把，可以改變前進的方向，但是騎車依然要用兩隻腳，一下一下地蹬踩地面，才能推動車子向前滾動。西元一八一八年，他的木馬自行車正式取得德國及法國的專利，因此，卡爾·德萊斯成為一般公認的自行車發明人。

德萊斯在西元一八一七年的設計

21

為窮人發明的物品

廉價的橡皮擦

鉛筆的發明比橡皮擦要早兩百年，也就是說，當人們用鉛筆寫出字跡後，如果發現了錯誤，就沒有辦法來擦拭筆跡了。

聰明的人們當然不會讓字跡一直保留著，他們找了很多東西來擦拭筆跡，當然，效果都不是很好。

某天，一個貴族在吃早飯時，他的僕人送來了一封信給他。

由於他馬上要出門，但信件又比較重要，所以他急忙將信看了一遍，然後邊吃麵包邊寫著回信。

麵包是極容易掉渣的，貴族嘴裡的麵包屑很快就在信紙上堆積起來，碰巧這個貴族又是個急性子，他不耐煩地用手一掃，結果麵包屑被掃到了地上，可是他剛寫下的字居然也少了一大半。

這是怎麼回事呢？貴族驚奇萬分。

他掰下一塊麵包，湊到信紙上擦了起來。

奇蹟出現了！字跡越來越淡，最後消失了！

「原來麵包還有這個作用！」貴族哈哈大笑，他覺得自己擁有了一件可以在餐桌上出風頭的事情了。

於是，人們便開始用麵包來擦拭起鉛筆的筆跡。

這對富人來說是小菜一碟，可是對窮人來說卻是件奢侈的事情。

很多窮人連麵包都吃不起，好不容易買條麵包，恨不能一家幾口分幾天吃完，又怎麼捨得浪費一點點麵包屑來擦字呢？

所以在西元一七七〇年以前，鉛筆一直與麵包為伍，當然，這種搭配只有在富人的家裡才會出現。

直到西元一七七〇年，一個英國工程師愛德華‧納爾恩的發現，才改變了這個狀況。

愛德華‧納爾恩的工作需要用鉛筆來塗寫圖紙，而且他也覺得用麵包擦字特別浪費，便想改善這種情況。

一天中午，工人們往工作室裡搬進了很多橡膠，其中有一小塊橡膠滾落到了愛德華‧納爾恩的腳邊。

愛德華‧納爾恩撿起橡膠塊，在手裡捏著。

像是被神靈驅使一樣，他下意識地拿著橡膠去擦自己剛畫好的圖紙，很快，他便驚喜地笑起來。

原來，橡膠居然能使字跡消褪，這真是個意想不到的發現！

愛德華‧納爾恩覺得人們以前都過於看輕橡膠的功用了，回到家中後，他買下了很多橡膠，然後將它們切成一小塊一小塊的四方體，拿到市集上去賣。

一開始，沒有人光顧愛德華‧納爾恩的攤位，大家都覺得好笑，橡膠怎麼可能擦字呢？

愛德華‧納爾恩叫賣了半天，見沒人相信，只好親自做示範。

他拿出一張紙，在紙上畫了好多線條，然後扯開嗓門大喊：「快來看我新發明的橡皮擦！絕對能擦掉筆跡！絕對便宜！」

好不容易，有幾個人圍了上來。

愛德華‧納爾恩更加賣力地吆喝，同時用橡皮擦去擦那些黑色的線條。

「哇！」當大家看到筆跡果然消失不見後，均發出了驚嘆聲。

立刻，廉價的橡皮擦名聲大噪，幾乎每個人都買了一塊，不過也有人不以為然，覺得不就是一塊普通的橡膠，自己也能製造啊！

由於愛德華‧納爾恩的橡皮擦取材於未經加工的橡膠，所以很容易腐壞、破裂。在西元一八三九年，一位名叫查理斯的發明家發現在橡膠中添加硫磺可以提升橡皮擦的品質，這時橡皮擦的使用才變得更加得心應手。

在新型橡皮擦中，查理斯加入了硫磺、油脂等物，使橡皮擦在黏上石墨後容易掉渣，這樣，帶著汙穢的碎屑就離開了橡皮擦，而橡皮擦也就不會把紙弄髒了。

【Tips】

西元一七七〇年四月十五日，英國化學家約瑟夫‧普利斯特里描述了一種可以擦去鉛筆墨跡的植物膠，說：「我見到一種非常適合擦去鉛筆筆跡的物質。」他稱此種物質為橡膠。

22

石頭居然也能呼吸

走入千家萬戶的煤氣

大家見過會「呼吸」的石頭嗎？

有人肯定會質疑：「石頭怎麼會呼吸呢？」

但是英國化學家威廉・梅爾道克卻會告訴大家：石頭確實是能吐氣的，而且他還因此做出了一項重大的發明！

梅爾道克從小就愛玩，他喜歡跟夥伴們在泥地裡打滾、爬樹掏鳥蛋，不過他最喜歡的，就是和其他孩子一起去城鎮後面的山上玩石頭。

因為山上的石頭比較奇怪，能夠用火點燃。

梅爾道克對這種石頭產生了濃厚的興趣，不過他並不想燒石頭，而是想把這樣的石頭放在鍋裡煮一煮，看看情況如何？

他把石頭放入一個水壺中，加上水之後用火燒壺底。

不久之後，石頭開始在水壺中不安分起來，它不僅跳動個不停，還發出「呼嚕呼嚕」的響聲。

梅爾道克很好奇，就走到水壺前查看。

他發現壺嘴正「噗哧噗哧」地往外噴白氣，彷彿水壺是一個大口喘氣的胖子似的，不由得覺得好笑，就揭開壺蓋，看個究竟。

他驚訝地發現，壺裡的石頭在高溫環境下，居然在不斷地往外冒白氣，這讓梅爾道克產生了疑問。

難道說，這種容易被點燃的石頭，燃燒的都是這種氣體嗎？

他劃亮一根火柴，湊到壺嘴邊，想證明自己的想法，哪知火苗剛一接近水壺，就變成了一道猙獰的火焰，從梅爾道克的頭上呼嘯著噴了出去。

梅爾道克被嚇得後退了好幾步，但他依然沒有絲毫恐懼，反而加倍覺得這種石頭「太好玩了」！

長大後，梅爾道克在化學領域不斷有所建樹，也獲得了很多成就，這時候他忽然想起小時候的那塊「會呼吸」的石頭，就決心將石頭的祕密給解出來。透過分析石頭裡的物質，他發現原來這種石頭含有煤炭成分，而這或許就解釋了石頭的燃燒之謎。

不過，煤燃燒後生成的氣體不會繼續燃燒，所以，這種石頭所吐出的白氣一定是人們未知的氣體！梅爾道克又做了大量的研究，這才弄明白那些白氣的由來，他一高興，又開始頑皮了，決定要讓大家大開眼界。

他請來了自己的一些親朋好友，說是要舉行宴會，但在宴會開始前，他把客人叫到自己的工作室，說要給他們一個驚喜。

眾人以為梅爾道克準備了什麼禮物，都滿心期待著。

梅爾道克把一塊重約十五磅的煤放進水壺裡，並在壺嘴上接起一根長長的鐵管。然後，他把水壺放在爐子上加熱。不一會兒，白色嗆鼻的氣體就從壺嘴裡溢出了。

「這是什麼呀？」大家難以忍受空氣中難聞的氣味，七嘴八舌地問道。

「很快你們就知道了！」梅爾道克賣了個關子，慢悠悠地說。

過了一會兒，他彎腰從地上拿起鐵管，把手放在管口試了試，說：「好

戲就要開場了！」

說著，拿出火柴，劃了一根放在鐵管口，只聽「噗」的一聲──鐵管口跳動著藍色的火焰，把整間屋子照得亮堂堂的。

「梅爾道克，你是在變什麼魔法呀？」賓客們好奇地問。

「哈哈，我剛才給你們展示的是……煤氣！它能燒東西，以後會很有用處的！」梅爾道克得意地說。

當時，在場的人均不以為然，誰知梅爾道克的預見是正確的，他將一氧化碳、空氣和水蒸氣混合，造出了最初的煤氣。

用這種煤氣煮東西非常快捷，因此頗受人們歡迎，梅爾道克遂發了大財，成為了千萬富翁，這就是知識的力量啊！

【Tips】

煤氣中毒通常指的是一氧化碳中毒，一氧化碳是煤炭燃燒不完全形成的。一氧化碳被吸入肺，並透過血管進入血液。我們知道，紅血球是攜帶氧氣及二氧化碳的「氣體交換車」，透過紅血球的流動，全身組織才能進行氣體交換。而一氧化碳與紅血球結合的力量比氧氣大兩百～三百倍，所以大量的一氧化碳與紅血球結合，就大大減少了紅血球帶氧的能力，使組織發生缺氧導致「窒息」。

23
英國女王慘變落湯雞
抽水馬桶的問世

俗話說，人有三急，其中的「上廁所」這一急，就算是天上的仙女、地上的男神，都逃不掉這一關。

於是，抽水馬桶成為現代家庭中不可或缺的物品，有了它，人們的如廁行為才變得衛生優雅，可謂是現代文明的一大進步。

抽水馬桶的老祖先是誰很難考證，不過到了中世紀的歐洲，人們還算講究家庭衛生，於是木質的馬桶便進入了千家萬戶，勤勤懇懇地讓民眾們「方便」著。

在英國的伊莉莎白女王時代，上至王室貴族，下至平民百姓，都在使用這種馬桶，不過人們只注意讓自己家裡乾淨整潔，卻不管街上的汙穢。

於是，馬桶滿了之後，女人們就將其端到窗戶，對準大街一倒，非常「方便」。當時馬路上也沒有專門的清潔工，要想讓街道變得整潔，唯一的方式就是靠雨水的沖刷，若輪到持續天晴的日子，那股氣味，真是能繞樑三日啊！

終於，一位詩人忍無可忍，對著女王控訴百姓的素質低下，而且他還發誓，一定要造出一種乾淨一點的馬桶。

約翰‧哈林頓畫像

此人就是伊莉莎白女王的教子——約翰‧哈林頓爵士。

做為一介文人，如果在創作時整天嗅著眾人製造的那難聞的味道，還能有靈感出來嗎？不過哈林頓似乎忘了，尊貴的王室似乎也不見得素質能高到多少，王宮裡那偌大的花園時常成為賓客的如廁場所，女王對這種情況裝作毫不知情，畢竟人家是貴客，不能讓他們出洋相。

當女王聽到哈林頓說能造一種乾淨的馬桶時，她很高興，就讓教子趕緊做給自己用。哈林頓不愧為一個作家，創意就是比別人要強，他心想：如果馬桶不能移動，就只能用水把汙物沖走了，那麼馬桶的底部就必須是空的，而且需要接上管子，這樣髒東西才能排到外面去。

於是，他立刻買來一個木桶，將桶底挖出一個大大的圓洞，再找來一根又長又粗的管子，接在桶子底部，這樣馬桶的基本樣式就出來了。

可是水該裝在哪裡呢？

哈林頓想到了那奔騰的瀑布，當水流一瀉千里的時候，擁有的力量是巨大的，而地勢地平的河流不具備這樣的威力。

「我明白了！要建一個水箱，而且要高高地掛在馬桶的上方才行！」哈林頓笑著說。

很快，他的抽水馬桶造好了，為了控制出水量，他還給水箱配備了一個閥門，想要沖馬桶的時候就將閥門一拉，水就出來了。

哈林頓為自己的發明感到得意，他馬上跑到王宮，說馬桶已經造好了，女王高興地說：「那就給我也裝了一個吧！」

別看女王陛下已經是一位老人了，但她對新鮮事物的接受能力還是很強，而且她居然沒有先試試這種抽水馬桶好不好用，而是直接在馬桶上方便了一下，然後拉起閥門，見證奇蹟的時刻。

可惜哈林頓裝的閥門有問題，剎那間，水流如瓢潑大雨，從水箱中噴了出來，將英國女王從頭到腳澆了個遍。

女王大叫起來：「來人！快來人！」

女僕們趕緊衝了過來，為女王擦身、換衣服，而哈林頓在得知這一消息後，心中十分歉疚，他再度跑到宮裡，想為女王改良一下抽水馬桶。

好在女王寬宏大量，沒有怪哈林頓，於是哈林頓認真研究了那個壞掉的閥門，又重新裝了一個好用的上去。

宮裡的抽水馬桶這下終於能用了，但當時是沒有排水系統的，所以汙水照樣得排到地面上。

女王想了想，笑道：「排到花園裡不就行了？」

哈林頓覺得這是個好主意，就照做了，就這樣，世界上的第一臺抽水馬桶誕生了，而後人們創造了自來水和排水系統，才讓如今的人們用上了更為方便的馬桶。

【Tips】

英國發明家約瑟夫・布拉梅在十八世紀後期改進了抽水馬桶的設計，並在西元一七七八年取得了這種抽水馬桶的專利權。但是直到十九世紀後期，歐洲的城鎮都已安裝了自來水管道的排汙系統後，大多數人才用上了抽水馬桶。

24

為賭徒特製的食物

伯爵的三明治

　　做為時下風靡全球的速食，三明治和漢堡簡直可以說是打遍天下無敵手，人們之所以會買它們，是因為它們吃起來相當節約時間，但很少有人知道，三明治產生於十三世紀，幾乎和麵包一樣歷史悠久。

　　在古代，人們處於男耕女織的封建社會，生產力極其低下，所以生活節奏是很慢的，可是為何還需要三明治這種速食食品呢？

　　這得從一個名叫約翰・蒙塔古的英國三明治伯爵說起。

　　蒙塔古伯爵嗜賭如命，他少了橋牌就無法生活，他可以整宿不睡，沒日沒夜地站在賭桌旁，只為賭博的那份刺激和勝利的喜悅。

　　還好這位伯爵的家境不錯，否則他早晚有一天都會把家產敗光。

　　由於伯爵出手大方，而且每回賭錢，下的注都特別大，鎮上的賭坊老闆便暗暗打起了鬼主意，圖謀將蒙塔古的錢都騙過來。

　　不久之後，鎮上來了一位傲慢的中年

約翰・蒙塔古畫像

貴族，他自稱霍桑爵士，並吹噓自己牌技很好，天下再也難找到與他匹敵的對手。

賭坊裡的人都不信，但結果卻令他們無話可說，霍桑的牌技確實很好，而他的運氣更好，幾乎每次都能摸到一手好牌。

蒙塔古伯爵得知霍桑的大名後，自然很不服氣，就向對方宣戰，要和霍桑一決高下。

孰料霍桑輕蔑地摸著自己的小鬍子，冷笑道：「聽說你的牌技不好，我看還是算了吧！」

蒙塔古被氣得火冒三丈，他大叫道：「我牌技怎樣，比一比就知道了！你若不敢比，你就是懦夫！」

霍桑這才慢悠悠地說：「我可不是懦夫，你若想比，那可別後悔！」於是，兩人來到賭坊，在牌桌上開始了激烈的廝殺。

一開始時，蒙塔古的運氣確實不錯，他接連贏了霍桑好幾局，但隨後局勢對霍桑有利起來，蒙塔古不僅把先前贏的錢輸了個精光，還開始倒貼錢了。

蒙塔古很不甘心，他與霍桑大戰了一天一夜，仍舊不能扳回頹勢。

其實，霍桑是賭坊老闆請來的老千，目的就是讓蒙塔古輸錢。

老闆見蒙塔古不要命地豪賭，怕對方搞壞了身子，那樣就騙不了錢了，便假裝好意地勸道：「你一天都沒吃東西了，還是吃一點吧！」

孰料蒙塔古不領情，他不耐煩地搖頭：「不吃不吃，沒時間！」

老闆想了想，覺得蒙塔古之所以不吃飯，就是因為吃飯太耗時了，於是他想了個辦法：讓廚子將牛肉、雞蛋、生菜夾在兩片麵包中，然後遞給

蒙塔古，笑道：「伯爵大人，這種食物您可以邊賭邊吃，不影響你打牌。」

蒙塔古接過食物，發覺真的很方便，就大笑道：「它叫什麼？」

老闆一時語塞，不知該如何稱呼這種食物。

這時，蒙塔古有了主意，他瞪著對面的霍桑，說：「就叫三明治吧！」說罷，狠狠地咬了一大口「三明治」。

後來，蒙塔古伯爵破產了，但他鍾愛的三明治卻在英倫三島流傳開來，最後整個歐洲都被這種夾餡麵包征服了。

到了十九世紀中葉，德國人將牛肉泥製成肉餅的技術傳到了美國，美國人就對三明治進行了改良，他們用兩塊圓形的撒了芝麻的麵包代替了麵包片，然後將牛肉餅和蔬菜夾在圓麵包中，於是，風靡世界的漢堡便出爐了！

【Tips】

三明治這一名稱來自於十八世紀時英國海軍大臣三明治伯爵約翰‧蒙塔古的伯爵頭銜之名。蒙塔古是英國歷史上有名的政治家，一生中集功名和敗譽於一身，英國人一方面將建設英國海軍的功勞歸功於他，另一方面他們將美國殖民地的丟失也歸罪於他。

25
能提神的神奇飲料
巧克力留洋記

　　巧克力是著名的甜食，相信很少有人能抵擋住它的誘惑，而若追溯起巧克力的歷史，在十六世紀甚至更早的時期它就已經為人所知。

　　不過，最初是沒有巧克力這種東西的，它的前身是可可粉，直到哥倫布發現新大陸，它才被歐洲人帶回了國。

　　在西元一五一九年，西班牙探險家埃爾南‧科爾特斯率領著一支探險隊進入了墨西哥，在熱帶雨林潮濕炎熱的條件下，隊員們一路受到毒蟲叮咬、猛獸襲擊的惡劣環境，最後終於來到一處高原上，這時，他們已經累得快要虛脫，連走路的力氣都沒有了。

集探險家和殖民者於一身的埃爾南‧科爾特斯

　　科爾特斯鼓勵著自己的隊員，但沒有人聽他的，事實上，連他自己都不確信自己還能堅持多久，因為他的聲音裡透著疲憊，那是精疲力盡的信號。

　　就在隊員們一個個躺在地上唉聲嘆氣的時候，一群印第安人向他們走來。

　　科爾特斯立刻警覺，同時催促隊友趕緊戒備，誰知眾人仍是一副懶洋洋的模樣，讓科爾特斯暗呼不妙。

好在這些印第安人非常友善，他們看到地上這群白種人痛苦的樣子，猜到發生了什麼事，便從隨身攜帶的包袱裡取出幾顆黑黑的豆子，將其碾成粉末，放入煮沸的水中。

開水立刻變成了黑色，印第安人又在水中加入了胡椒粉，頓時，一股既濃郁又讓人想打噴嚏的香味飄進了眾人的鼻腔。

印第安人端著那杯黑抹抹的水，遞給科爾特斯，然後嘰裡咕嚕地說了一大堆話，好像是讓科爾特斯把水喝下去。

科爾特斯皺著眉，看著那黑色的水，心中充滿了抗拒。

可是印第安人一個勁地讓他張嘴，他不敢忤逆對方的意思，只好費力地吞了一口黑水。

「真苦！又苦又辣，這玩意兒真難喝！」科爾特斯直吐舌頭。

他等待著生命的最終時刻，卻用眼睛的餘光瞥到印第安人又在餵自己的隊友黑水，不禁內心淒涼，覺得好不容易的一趟探險，竟然要以這麼窩囊的形式結束。

誰知，他在等待了幾分鐘後，不僅沒死，反而還更有精神了，而地上的探險隊員們也好似煥發出活力，個個一躍而起，活躍得不得了。

「真神奇！」科爾特斯目瞪口呆，他知道「魔法」來自於那幾顆黑色的豆子上。

於是他向印第安人索取這種豆子，儘管語言不通，對方還是明白了科爾特斯的意思，遂慷慨地將一些豆子送給了西方探險家。

科爾特斯帶著豆子繼續探險，後來他找到了一個印第安翻譯，這才明白這些豆子叫「可可豆」。

九年後，科爾特斯回到祖國，他向國王查理五世獻上了神奇的可可水。由於西班牙人愛吃甜食，所以他還在水中加入了蜂蜜，讓飲品中帶著一股甜香，同時又散發出獨特的苦澀香氣，讓人回味無窮。

　　國王自然很高興，封科爾特斯為男爵，從此，可可水就成為西班牙人菜單上必不可少的一道飲品。

　　過了一段時間後，一個名叫拉思科的商人動起了腦筋。

自美洲被發現之後，用可可做成的飲料成為在歐洲非常受歡迎的飲料之一。

　　原來，他嫌每天都要煮開水沖可可粉太麻煩，就突發奇想：為什麼不把可可飲料做成固體，這樣想吃的時候就掰一塊放入嘴裡，多省事啊！

　　拉思科認為肯定有人贊同自己的想法，於是他就試驗起來。

　　經過反覆的濃縮、烘焙，他成功研製出一種黑色的固體食物，並將其命名為「巧克力」。

　　「巧克力」在低溫環境下保持的固態形狀，但一旦被放入口中，便會瞬間溶化，它口感柔滑，又兼具提神的功能，所以頗受人們的喜愛。

　　這種「巧克力」就是第一代的巧克力，由於人們太喜歡巧克力了，就又做了很多改進，這才讓如今的我們得以品嚐到這一美味佳品。

在法國，巧克力一度被認為是「珍貴的藥品」。這種陰錯陽差與法國國王路易十三有關。路易十三的王后是西班牙的公主，西元一六一二年，法國王后從娘家帶回一袋西班牙特產——巧克力。當時，路易十三身體欠安，精神萎靡不振，他吃了一塊巧克力，病居然好了。路易十三認定這是一種「珍貴的藥品」，就吩咐醫生將巧克力珍藏起來，只有王室成員生病時才能享用。直到路易十四繼位，外婆外公家裡的人，帶來許多巧克力向他祝賀。這時，法國人才弄明白巧克力是一種食品。

法國國王路易十三

26
不會暈染的暢銷筆
風靡世界的圓珠筆

自從人類發明了文字後，就需要用筆來書寫，最開始，他們用樹枝在地上刻劃，後來又用石頭在動物的骨頭上篆刻，花費了很多時間，而且字也不容易保留下來。

到了近代，人們發明了鉛筆，隨後又有了鋼筆，寫字才真正變得方便起來。

不過用鋼筆寫字雖然不易掉色，卻有個問題：鋼筆是將墨水塗抹在紙上的，如果漏墨水，寫出來的將不是字，而是一灘墨跡，並且墨水在紙上很容易暈染，不僅不美觀，還影響到閱讀。

有人就想另外造一枝好寫的筆。

西元一八八八年，有一個名叫約翰‧勞德的美國人很有創意地想讓滾珠做為筆尖，以便控制墨水的量。

也不知勞德是怎麼想的，他明明覺得自己的筆很好用，卻不大量生產，白白地讓賺錢的

中國商朝晚期，王室用於占卜記事而在龜甲或獸骨上契刻的文字。

機會從自己的身邊溜走了。

後來，一些人也開始製造筆尖有滾珠的筆，但是品質太差，也就偃旗息鼓了。

直到西元一九三六年，這種新型筆才姍姍來遲。

那是在匈牙利，一個名叫拉迪斯洛‧比羅的校驗員在新聞印刷廠工作，他的工作決定了他要不時用鋼筆在樣稿上進行修改。

比羅是個窮人，他買不起好鋼筆，只好用容易漏墨水的鋼筆進行塗寫，但是這樣就容易在樣稿上留下汙漬，對此他也是一籌莫展。

一天深夜，比羅在廠裡加班，在昏黃的燈光下，他費力地看著樣稿上的每一行文字。

這時，他發現了一個錯誤，便提起鋼筆進行修改。

可是令他沒想到的是，那鋼筆居然在這時候滴下一大滴藍色的墨水，弄髒了樣稿上的好大一塊地方。

「哎呀！真倒楣！」比羅唉聲嘆氣，他慌忙用布去擦拭墨水，但墨跡依舊存在，讓他差點看不清被掩蓋的字體。

我就不信沒有一種又便宜又不會漏墨水的筆！比羅憤憤地想。

他決定要造一種既好用又廉價的筆來代替鋼筆。

經過反覆試驗，他發現將鋼筆的墨水變成速乾油墨，就能避免暈染的情況，不過這樣一來，黏稠的油墨就不能順著筆尖流到紙上了。

比羅沒有被難倒，他又想出了和前人一樣的辦法，就是在筆尖裝一個滾動的金屬圓珠，這樣既避免了油墨直接傾瀉在紙上，又能控制油墨的量。

在經歷了一段時間的研製後，比羅終於將這種筆造出來了，他滿心喜悅，用筆在紙上畫著，發現確實能留下抹不掉的印跡，而且墨水也不會溢出了。

「我成功了！」比羅興奮地大喊。

由於這種筆有一個圓圓的鋼珠，比羅就稱其為「圓珠筆」。

在接下來的幾年中，他又對圓珠筆進行了持續的改良，並在西元一九四三年申請了專利，兩年後，第一代圓珠筆正式問世，激起了巨大的迴響。

人們發覺圓珠筆比鋼筆好用之後，都一窩蜂地去買圓珠筆，不過大家寫著寫著，就發現原來圓珠筆也有缺陷，那就是一旦寫的字增多後，鋼珠與筆尖圓管之間的空隙會變大，那麼油墨照樣會漏出來，而且比鋼筆的漏墨水情況更可惡。

無數人為解決這一問題而冥思苦想，但圓珠筆卻似一匹脫韁的野馬，就是不肯被人們馴服。

後來還是一個日本的小企業主換位思考，想到了一個好辦法：既然圓珠筆在書寫到兩萬字的時候必定會漏油，那乾脆就給它裝只夠書寫一萬多字的油墨！

他也申請了專利，還專門製造油墨較少的圓珠筆芯，結果也取得了巨大的成功，讓如今的人們書寫變得更加便利了。

　　西元一九四三年六月，比羅和他的兄弟格奧爾格（一位化學家）向歐洲專利局申請了一個新專利，並生產了第一種商品化的圓珠筆——Biro 圓珠筆。後來，英國政府購買了這個專利圓珠筆的使用權，並在英國皇家空軍中收到了很好的使用效果，使得 Biro 圓珠筆大受好評。

27

犬牙交錯的另一種用途
便捷的拉鏈

人們在穿衣服時，為了將衣服繫緊，少不得要扣上鈕釦，除此之外，還有一樣東西也是衣物的必需品，那就是拉鏈。

在二十世紀八〇年代的美國，民眾甚至認為拉鏈比飛機、電視等大件更有用，足見拉鏈的受歡迎程度。不過，拉鏈誕生得比較晚，它的同伴——鈕釦則在十五世紀就跟隨歐洲的十字軍從中亞來到了西方。

歐洲的王公貴族初次見到漂亮的鈕釦，頓時心花怒放，大笑道：「我竟不知道，世上還有這樣的裝飾物！」

搞笑的是，對鈕釦青睞有加的不是貴婦，而是中世紀愛美的男士，而法國國王路易十四更是不得了，他直接要求裁縫在自己華麗的王袍鑲上鈕釦，而且要「越多越好」！

結果，那件考究的袍子上掛滿了林林總總、密密麻麻的一萬三千顆鈕釦，重得要命，真不知路易十四是怎麼穿上這件衣服的。

到了二十世紀，美國芝加哥的一位機械師懷特科姆・賈德森為過多的鈕釦發愁了。

賈德森覺得鈕釦要一顆一顆地扣上，實在太麻煩了！而且他還特別喜歡穿長筒靴，可是他若想穿上靴子，就得應付二十多顆鈕釦，這讓他直呼吃不消。

賈德森並非是個懶人，他只是性子有點急，所以對鈕釦深惡痛絕。

為此，賈德森經常會想：我為什麼不用一種東西來代替鈕釦呢？最好在使用它時不需要費多少力氣，輕輕一個動作，就能一步到位。

可是他想不出該怎麼做，畢竟當時人們除了鈕釦，想要把東西繫緊就只能靠帶子和鐵鉤。

無法跳脫出傳統的思維，這讓賈德森想了好幾個月，仍是一無所獲。

有一天，妻子讓他去市場上買鈕釦，賈德森一聽又是鈕釦，不由得大聲抗議：「我不喜歡那種東西！」

妻子聽後大怒，說：「除非你給我創造一種可以替代鈕釦的東西，否則就給我上街去！」

賈德森一下子洩了氣，只好出門。

在路上，他越想越氣：怎麼就找不到一種東西來取代鈕釦呢？

他正在思考這個問題時，沒料到與一個牽著狗的夫人不期而遇。

婦人的狗見賈德森直衝著自己而來，立刻發出了低沉的嘶吼，威脅賈德森離開。可惜賈德森正沉浸在自己的思考中，居然沒有注意到危險。

惡狗再也按捺不住，撲上前去，對著賈德森的腿就狠狠地咬了一口。

「哎喲！」賈德森大叫一聲，臉色都變了。

婦人趕緊拉著狗後退，並不停地給賈德森道歉，但那狗仍凶狠地瞪著賈德森，並齜牙咧嘴衝著對方吼叫。

幸好賈德森穿著長靴，而他的靴子皮比較厚，雖然被咬破，卻保護了他的一條腿。

賈德森覺得真是太倒楣了，這是他最喜歡的一雙靴子啊！

他憤怒地看著婦人的狗，剛想發火，卻在無意間看到了狗的兩排牙齒，忽然有了主意。

原來，狗的牙齒是交錯而生，雖然不整齊，卻能在閉緊嘴巴的時候嚴絲合縫地扣在一起，這不是他一直苦苦尋覓的東西嗎？

賈德森頓時手舞足蹈，連買鈕釦的事情都忘了，他飛奔回家，著手做設計。

西元一八九一年，他設計出了兩根鏈條，採用鉤環來絞合，用來繫鞋和靴子。如此一來，當鏈條合起來的時候，細齒就能嚴密地咬合在一起了。為了讓鏈條開合，他還做了一個可以拉動的滑片，於是，世界上第一款拉鏈產生了。

後來，賈德森將他的拉鏈帶到了芝加哥世界博覽會上展出，獲得了青睞，人們將拉鏈稱為「可以移動的釦子」。

從此，拉鏈便逐步走上了生活的舞臺，為人們提供了諸多的便利。

【Tips】

現代拉鏈是瑞典裔美國電機工程師吉迪昂・森貝克於西元一九一四年發明的，他用凸凹絞合代替了鉤環結構，於西元一九一七年申請了獨立專利，稱為「可分式扣」。

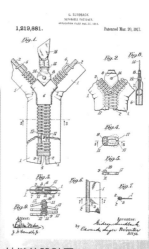

拉鏈的設計圖

28
曾讓人談之色變的日用品
「凶猛」的火柴

火是伴隨著人類社會最久的一樣東西，人們為了能吃到健康衛生的食物，就得生火做飯，所以如何點火就一直困擾著古人。

最初，人們用鑽木取火的辦法獲得火源。

後來，又有人發明了打火石，根據摩擦起電的原理碰出火星，乾柴就能被點燃了。

可是那一點點火星總是很難點火成功，所以這種方法還是很不方便。

十九世紀上半葉，一個叫約翰‧沃克的英國化學家和藥劑師突發奇想：同樣是摩擦生熱，用化學物品不是更加方便嗎？還要費那麼大的力氣去砸石頭做什麼？於是，他就找來了氯酸鉀和硫化銻，生成一種膏狀的物質，塗在木片的一端，然後用砂紙夾住裹著化學物質的木片，用力一拉，火苗燃起來了！

「哈哈！我成功了！」沃克朗聲大笑，但隨即他叫起來，「哎呀，好痛！」原來，砂紙也被點燃了，差點燒到沃克的手。

沃克想了想，認為是化學物品塗太多的緣故，所以他減少了膏狀混合物的用量。

然而，這一次火沒有被點起來，因為塗抹物不足以支撐化學反應。

到底還是化學家發明起火柴來得心應手，四年後，一個名叫索里爾的

法國化學家看到白磷極容易被點燃，就靈機一動，將其塗抹在細小的木棍頂部。這種火柴特別容易引燃，只要將它的火柴頭放在砂紙上輕輕一刮，就有火焰出來了。索里爾做了很多根火柴演示給別人看，大家都覺得他的想法不錯，於是這種白磷火柴就流行開來。

不久後，在一個月黑風高的夜晚，巴黎某百貨商店燃起了熊熊大火，當人們對起火原因莫衷一是時，員警卻透露出一個驚人的消息：縱火嫌疑犯是一隻老鼠！

「老鼠怎麼可能引發那麼大的火災呢？這是在開玩笑吧？」人們目瞪口呆。有些得到小道消息的人則神祕兮兮地告訴大家：「員警說得沒錯！是老鼠咬了火柴，才導致了大火的產生！」

當大家確定白磷火柴有如此大的破壞力時，都不鎮定了，他們趕緊回家，對火柴進行密封處理，因為誰都不能保證自家沒有老鼠啊！

好在很長一段時間過去了，再也沒有發生火柴引發火災的事件，人們的恐懼感也稍微下降了一些。

誰知一波未平一波又起，接下來發生的事情讓民眾們更加手足無措。

在巴黎郊區的一家火柴廠裡，有一個年輕的女工因為長期製造火柴，導致她下頜骨爛掉了。

這名女工承受的不幸還不只這些，後來她得了重病，不治身亡。

因為這起悲劇又與火柴牽連到一起，人們無法泰然自若，又開始議論起來。

「據說，她是因為磷中毒而死的！」有個人得到了小道消息。

「啊？太可怕了！怎麼會這樣！那我們是不是也會中毒？」其他人的

第一反應就是這樣。

從此，大家都不敢用火柴了，可是不用火柴的話，生火又變成一件難事，真讓人左右為難。

西元一八四五年，奧地利化學家Ａ‧施勒特爾發現，紅磷是無毒的，而且也容易燃燒。這就為瑞典人約翰‧愛德華‧倫德斯特勒姆發明和推廣安全火柴奠定了基礎。

倫德斯特勒姆覺得火柴梗應該放在一個既能儲藏它，又能與它摩擦起火的盒子裡。於是，他將氯酸鉀與硫磺等化學物品裹在了火柴頭上，而將易燃的紅磷塗抹在了火柴盒的側面，只有當火柴頭與火柴盒摩擦時，才會起火，這樣就可避免火災的發生。西元一八五五年，他獲得了安全火柴的專利權。

倫德斯特勒姆的發明，讓火柴從一個殺人「惡魔」變成了溫順的綿羊，後來他的設計就成了火柴的基本樣式，沒有再變動過。

【Tips】

西元前二世紀，中國出現了現代火柴的前身——發燭，相傳是西漢淮南王手下的術士們（八公）所發明的。發燭又名引光奴，到清朝又名取燈，它確實是一項偉大發明，其作用是由火種迅速得到火焰以點燃燈燭，使人類用火的本領更進一大步。

29
居然會有青蛙放電現象
第一顆電池的誕生

我們的生活離不開電池，大到燃氣灶、熱水器，小到手機、手錶，都需要電池的幫忙。

電池的出現與電這種物質息息相關，但它不是被科學家有目的地製造出來的，而是要多虧了一種動物，那就是青蛙。

大約在西元一七九九年，義大利生物學家伽伐尼在一次做青蛙解剖實驗的時候，將剝了皮的青蛙用兩個銅鉤鉤住，然後掛到了鐵欄杆上。

正當他準備繼續上課時，他的一個學生忽然喊叫起來：「老師，你快看！青蛙在抽搐！」

伽伐尼低下頭仔細看著青蛙，發現果真如此，而這時候青蛙已經死了，並不是牠主動在動。

亞歷山卓·伏打畫像

經過思考，伽伐尼提出了一個假說：青蛙身上有一種生物電，所以青蛙的肌肉才會不自覺地動起來。

為了進一步瞭解這種「生物電」，他請來了自己的好友——物理學家亞歷山卓·伏打來觀看這個青蛙實驗。

伏打立刻對伽伐尼的青蛙產生了興趣，但

他覺得生物體內的電流只存在於極少動物身上，青蛙在活著的時候就沒有電流，死後怎麼可能會突然產生電流呢？

帶著疑問，他重複做了青蛙實驗，發現只有在青蛙身上插一塊銅片和一塊鐵片，青蛙的肌肉才會抽搐，如果插的是兩塊銅片或者兩塊鐵片，青蛙是紋絲不動的。

也就是說，青蛙之所以會動，與「生物電」沒有關係，而是因為它就像一個容器，與金屬片組合在一起時才能夠發電！

伏打一拍腦袋，哈哈大笑起來：「以前做實驗的時候就知道有電流迴路的概念，沒想到在青蛙身上也能行得通啊！」

為了驗證自己的想法，伏打決定再做一個實驗。

這一次，他用鋅片取代了鐵片。

為了讓電力強勁，他找來三十塊圓鋅片和三十塊圓銅片，並將這兩種金屬片各自疊成兩堆，而每一塊金屬片的中間又加了一張浸有濃鹽水的吸水紙。

當一切準備就緒後，伏打將兩根導線分別繫在銅片堆和鋅片堆上，然後深吸一口氣，將兩線連接在一起。

就在兩根線互相觸碰的那一剎那間，明亮的電火花迸發，伴隨著電流的「嘶嘶」聲，讓伏打又驚又喜。

「我猜得果然沒錯！因為金屬片傳送了電流，青蛙肉才會抖動！我發現可以產生能量的東西了！」伏打興奮地大叫起來。

他激動地停不住手腳，又將導線與電流計連接，結果顯示有電產生的指針動了，一切毋庸置疑！

於是，伏打將他的實驗裝置進行了改進，發明了一種可供發電的儀器，人們稱之為「伏打電堆」。

伏打電堆就是世界上的第一臺電池，它成為日後其他電池的祖師爺，距今已有兩百多年的歷史。

西元一八○一年，伏打還給法國皇帝拿破崙演示了伏打電堆的發電過程，讓後者嘖嘖稱奇，伏打因此被授予金質獎章，還成了伯爵，風光一時。

伏打電堆原型

【Tips】

在古代，人類有可能已經不斷地在研究和測試「電」這種東西了。一個被認為有數千年歷史的黏土瓶，在西元一九三二年於伊拉克的巴格達附近被發現，它有一根插在銅製圓筒裡的鐵條──可能是用來儲存靜電用的，然而瓶子的祕密可能永遠無法被揭曉。

30
餓暈之後進行的思考
能提高氣壓的壓力鍋

　　壓力鍋是家庭主婦的廚具之一，用它做飯做菜，食材很容易就被煮熟，所以很多人的廚房裡都會添置這一用品。

　　那麼，壓力鍋是怎麼誕生的呢？

　　說起來，它還有一個頗為辛酸的故事在裡面。

　　那是在三百多年前，一位年輕的法國醫生鄧尼斯·帕平突發興致，要從法國南部的阿爾卑斯山走到瑞士去。

　　可是想得容易，行動起來卻很難，他才走了一半的路程時，便發現隨身攜帶的食物已經所剩無幾了，為了不斷糧，他只好下意識地節約每日的口糧。

　　在風雪的嚴酷考驗下，他終於步履蹣跚地走到了阿爾卑斯山的山頂，這時候，天色已經暗沉下來，而肆虐的狂風絲毫沒有收斂之意，帕平覺得他若再不吃點東西，恐怕是撐不過這個晚上了。

　　於是，他解開背上輕飄飄的布袋，掏出了幾個馬鈴薯，決定煮著吃。

　　在寒冷的雪山上，木柴很難尋覓，帕平費盡周章才找來一些帶著潮氣的樹枝，然後吃力地點上火，將馬鈴薯放入裝水的鍋中，飢腸轆轆地等待著。

　　大約等了一刻鐘，他迫不及待地將馬鈴薯從鍋中撈出，然後用力一

咬。

「呸！呸！怎麼是生的！」帕平連吐口水，只得把馬鈴薯又放了回去。

他又焦急地等待了一會兒，再度將馬鈴薯撈起來，卻發現馬鈴薯還是沒熟。

「我這是撞邪了嗎？」帕平嘟囔著。

這一次，他等待的時間長了點，同時在心中暗暗告訴自己：反正會熟的，不急於一時。

他等啊等啊，一直等了一個晚上，馬鈴薯卻像中了魔法一樣，就是不肯熟。

最後，帕平只得喝水果腹了。

也許是質疑馬鈴薯為何不熟的想法支撐了他整個晚上，帕平沒有被凍死，但是第二天他就開始拉肚子，飢餓再加上腹痛，真是苦不堪言。

幾年後，帕平來到了英國，他成了一名物理學家，並受聘於物理學家波義耳的工作室。

透過與其他人的交流，帕平終於明白了馬鈴薯的奧祕。

原來，高山上氣壓低，所以水的沸點也低，水就很容易被燒開，但其實這種水不能喝，所以他腹瀉了。至於馬鈴薯，因為沒有一個能煮熟它的氣壓，所以肯定是無法食用的。

在弄清楚了氣壓的問題後，帕平仍對當初的飢餓心有餘悸，他覺得自己這輩子再也不要犯這樣的錯誤了。

可是，那些上山的人該怎麼辦呢？難道他們也註定沒飯吃嗎？帕平忽

然起了憐憫之心。

他想，如果我能造一種提升氣壓的鍋，不就能在山上煮東西了嗎？

可是，如何才能增壓呢？

帕平試了很多辦法，後來他發現，在封閉的環境中，不斷地加熱，氣壓就會變高。

他由此來了靈感：做了一個密閉的鍋，然後在鍋裡放上水，發現水的沸點果然提升了。

「只要維持這個鍋是封閉的就可以了！」帕平愉悅地說。

他找來了橡皮墊套在鍋蓋上，這樣就不會漏氣了，但是如果壓力太大，輕易觸碰就會有爆炸的風險，帕平又在鍋蓋上鑿了個小孔，裝上了一個安全閥，用來給鍋「透氣」。

帕平給自己的鍋取名為「消化鍋」，並向英國皇家學會提交報告，稱自己擁有了一項偉大的發明。

很快，皇家學會的會員們就來鑑定「消化鍋」。

帕平拿出一隻被宰殺乾淨的生雞，當眾放入裝了一些水的消化鍋裡，然後蓋上了鍋蓋。

不一會兒，鍋蓋上的安全閥「突突」地跳起來，並噴出了炙熱的白氣。

大家都覺得驚奇，目不轉睛地看著帕平變魔法。

當喝完一盞茶的時間後，帕平熄滅了火，並完全放走了壓力鍋裡的蒸氣，這才向其他人深深地鞠了一躬，說：「各位請看，雞已經熟了！」

沒有人會相信他的話。

可是當帕平揭開鍋蓋的那一剎那，所有人都被香氣征服了，因為這種

鍋跟壓力有關，所以後人就稱其為「壓力鍋」。

【Tips】

　　根據氣壓和水的沸點成正比的原理，壓力鍋內的水的沸點不斷被提高，那麼鍋內的溫度就相應上升，可以超過一百度。這樣可以用高溫高壓來快速烹製食物或用來消毒滅菌。一般的醫用壓力鍋要求鍋內溫度達到一百二十度，並保持十五分鐘，才能達到徹底滅菌的目的。

31
男人用的快速消費品
吉列發明的安全刮鬍刀

「怎樣才能賺大錢呢？」

十九世紀末，美國一位名叫金·坎普·吉列的推銷員整天都在想這個問題。

他出生在美國芝加哥一個小商人的家庭裡，家境時好時壞，十六歲那年走上了推銷員之路，可是到了四十歲時仍無任何起色。

大家都笑他眼高手低，吉列卻不這麼認為，他覺得自己將來一定是個大富翁。

由於太想成功了，他連刮鬍子的時候都在浮想聯翩，結果被手裡的刀片劃破了下巴，流了很多血。

這下，人們又有了嘲笑他的新話題了：「吉列，你不是大富翁嗎？怎麼還自己刮鬍子呢？」

吉列對於這種嘲諷並不理睬，不過下回他刮鬍子的時候沒敢親自動手，而是去了一家理髮店。

店老闆一看吉列受傷的下巴就笑起來，打趣道：「你也被剃刀劃傷了？」

「是啊！真倒楣！」吉列垂頭喪氣地坐在理髮椅上。

「看來男人們還真是害怕刮鬍子呢！總是有人傷到自己。」老闆分享

著他的經驗。

吉列聽到這番話，忽然開了竅：他要尋找的商機，是否就在剃刀裡？

那個時候，剃刀只是一塊一邊有保護的刀片，男人們要刮鬍子時，就拿起刀片，直接湊到自己的皮膚上「除草」。

「如果能發明一種安全刀片，豈不就能減少受傷的機率了？」吉列捏著他下巴上的鬍鬚，思忖著說。

理髮店老闆朗聲大笑起來：「如果有那種刀片，是好事也是壞事，大家可以替自己刮鬍子了，誰還會來我這裡消費啊！」

吉列卻高興極了，雖然大家不會再去理髮店，但他們一定會大量地買這種刀片，倘若他創造出安全刀片，生活肯定會大大的改善。

吉列又想：雖然男人消耗物品的速度很慢，可是他們的鬍子是天天長，所以得天天刮！

他深知安全刀片絕對可以成為男性的快速消費品，因此躊躇滿志，欲為自己的前途大幹一場。

在接下來的數個月內，他整日整夜地製作安全刮鬍刀片，往往每發明出一種類型，就拿自己做實驗。

後來，臉上的傷口實在太多了，狡猾的吉列又慫恿他的親朋好友來幫忙。

這下可好，大家的臉上都留下了數道傷口。

「老兄，你別再讓我們做實驗了，我們可要抗議了！」他的弟兄們半開玩笑地說。

吉列沒有放棄，他覺得如果把安全刀片與安全刀具組合在一起，或許

會成功。

於是，他又信心十足地研究起了安全刮鬍刀。

經過一年的努力，吉列終於製造出了一種Ｔ字形的刮鬍刀，這種刮鬍刀的刀片既鋒利又柔韌，可以在接觸皮膚的時候隨臉型變換角度，所以大大降低了男人們受傷的機率。

雖然使用效果不算太理想，但與傳統刮鬍刀相比，無論是鋒利程度還是安全性能，都有了很大的提升。

吉列把設想變成設計後，便申請了專利，然後開始四處尋找合作人。麻省理工學院畢業的機械工程師尼克遜對此很感興趣，他主動與吉列合作，開了全球第一家安全刮鬍刀公司，這也就是如今大名鼎鼎的吉列公司。

【Tips】

　　吉列在推銷安全刮鬍刀時，利用了廣告攻勢。他請漫畫家設計了兩幅引人注目的廣告漫畫，選擇幾個鬧區設立了幾個大路牌，將畫貼在路牌上，這比直接在路牌上畫要省事、省錢。很快廣告宣傳使公司銷路大開，銷售量增長之快，出乎一般人意料之外。到西元一九○四年，這種剃刀架售出了九萬把，刀片銷售出一千兩百四十萬片，在全美國掀起了一股熱潮。

32

近視患者的福音

能塞入眼睛的隱形眼鏡

眼睛是心靈之窗，但很多人的窗戶都會出現了問題。

現代人上網的時間越來越長，加上不正確的用眼習慣，導致眼睛出現近視的症狀，且度數越來越高，不得不戴上眼鏡來矯正視力。

可是，有框眼鏡有時候很麻煩。比如吃麵的時候，眼鏡的鏡片就被蒸氣蒙住了，使近視患者看不清事物；在夏天，人們熱得汗流浹背之時，鏡框會順著汗水往下掉，而且由於夾緊了皮膚，還容易導致皮膚發炎。

有沒有一種眼鏡能擺脫上述的那些困境呢？

當然有，那就是隱形眼鏡。

說起隱形眼鏡的鼻祖，要感謝一個誰都想不到的人物，他就是著名畫家達文西。

西元一五〇九年的一個夏天，達文西在辛勤忙碌了一天後，覺得頭暈眼花、視力模糊，正巧他剛買的魚缸還沒有裝魚，只是盛滿了水，於是這位老頑童就將頭伸進魚缸中，想讓自己清醒清醒。

在水中，達文西感覺到了一股酣暢淋漓的清涼感，他忍不住睜開眼睛，注視著玻璃魚缸

達文西自畫像

外的一切。

突然，他發現了奇蹟：原本看著有點模糊的遠處，竟然被他看得一清二楚！

達文西覺得不可思議，他趕緊將頭從水中探出來，然後再望向遠方。

這一次，他的視力又重新回復到以前的水準。

「難道說，水能增加我的視力？」達文西驚奇地說。

雖然他無法解釋這一原理，但他還是把這件事給記錄了下來，而令他沒有想到的是，他偶然經歷的這件事竟讓數以萬千的後人獲得了福音。

在日後的歲月裡，英國人赫爾奇根據達文西的發現提出了一個假說：當水蒙在眼球表面時，它就像一副看不見的眼鏡，所以近視者的視力就會得到恢復了。他告訴人們，只要能造一種眼鏡，貼附於眼球之上，就可以代替有框眼鏡了！赫爾奇的思路是正確的，但他找不到製作這種眼鏡的材料，而人們聽說要把眼鏡貼在眼球上，表現得十分恐慌，以為要把玻璃塞到眼鏡裡，那樣的話，眼睛不就瞎了？

赫爾奇經過仔細研究，認為用動物膠做成一種鏡片，放在眼球上可以達到矯正視力的效果，於是他興沖沖地實踐起來。

可是動物膠雖然軟綿綿的，不會對眼球造成太大傷害，卻容易腐敗變質，而且更要命的是，動物膠在溫度稍高的環境中很容易熔化。

赫爾奇研究了很多年，卻失望地發現自己造不出那種無框的眼鏡，他只好惆悵地放棄了。

儘管隱形眼鏡未能造出來，但它仍令很多人心馳神往，因為它不僅具備眼鏡的一般功能，更能讓近視的人看起來跟視力正常的人一模一樣，這

是很多人夢寐以求的。

到了西元一九三八年，德國人發明了塑膠PMMA，這種新型的有機玻璃引起了人們的強烈興趣，有兩位科學家穆勒和奧柏林從中得到了啟示，覺得PMMA正是製造隱形眼鏡的絕佳材料。

於是，兩人造出了世界上的第一副隱形眼鏡。

然而，這種材料的隱形眼鏡很容易破碎，而且透氣性很差，常使戴的人覺得眼睛不舒服，更糟糕的是，時間一長，它就容易產生刺激，使人們不停地流眼淚。

西元一九六〇年，捷克斯洛伐克的一位科學家沃特發明出了一種遇水可變軟的隱形眼鏡，這才使隱形眼鏡變得舒適了許多。從此，隱形眼鏡都具備了在液體中變軟的這一特性。

後來，人們又發明了各種類型的隱形眼鏡，結果連不近視的人也為了美麗，而戴起有美化效果的隱形眼鏡，足見它的受歡迎程度。

【Tips】

　　隱形眼鏡的發明者有據可查，但眼鏡的發明者至今卻仍是個謎。目前比較公認的說法是，十三世紀中後葉。有人認為，眼鏡的發明者來自義大利的佛羅倫斯；也有人根據義大利旅行家馬可‧波羅在遊記中所記載的「中國老人為了清晰地閱讀而戴著眼鏡」，而斷定眼鏡最早出現在中國。

33 由鐘錶獲得的啟發

怎樣讓電風扇轉起來

夏天天氣炎熱，總得有一件電器來驅趕熱氣，如今人們普遍用上了空調，而在幾十年前，空調還沒普及的時候，電風扇是人們在炎炎夏日最忠誠的夥伴。電風扇的誕生不過一百多年的時間，它之所以會被發明出來，竟和鐘錶脫不了關係。

這是怎麼回事呢？

一切還得從西元一八三〇年一個叫詹姆斯‧拜倫的礦工身上說起。

拜倫是一個年輕強壯的美國人，當時他被淘金熱的大潮所吸引，毅然離開家門，前往人跡罕至的西部去尋夢。

當時淘金的人很多，大家只顧著發財，卻忽略了基本的生活品質。

就在拜倫初到西部那年的夏天，數百名礦工擠在骯髒的營地裡，在他們的住地外，到處都是垃圾，蒼蠅在臭水溝裡嗡嗡叫，蚊子漫天飛舞，隨時準備飽吸一頓新鮮血液。這些還不是礦工們最不能忍受的，最讓他們頭痛的是自己的房間裡又悶又熱，簡直就像一個蒸籠。

拜倫被熱得整晚都睡不著，而在第二天，他又將做一整天的工作，長此以往，鐵打的身體也會垮掉，讓他深深覺得要想想辦法。

拜倫有一只機械手錶，每天晚上他都會給手錶上發條，唯恐第二天手錶停了而自己睡過了頭。

一天晚上，他在擰發條時，看著辛苦奔波、一刻都不停歇的指針，心想：我給手錶擰好發條，指針就會轉動，那麼如果我給另一個能扇風的東西也裝上發條，那麼這個東西不就能自己運轉，同時又能吹出風來了嗎？

　　他決定試著做一個這樣的東西。

　　可是這個吹風的裝置該設計成什麼模樣呢？

　　這可難不倒拜倫，他從小就喜歡和小夥伴們玩風車，也知道當風車轉動時，會產生風，所以他要做得，就是一個擴大版的「風車」。

　　想做發明的念頭佔據了拜倫的心田，他連金子也不淘了，一門心思撲在他的風扇上。

　　有人勸他：「熬過了這個夏天不就好了？你這樣浪費時間，賺錢的機會都被別人搶走了，多虧啊！」

　　可是拜倫置若罔聞，此時在他眼裡，風扇自然是比金子還重要，他一定要讓全體礦工都能享受到夏夜從未感覺到的沁涼。

　　不久以後，他把風扇造好了，這個風扇有三個葉片，且葉片按照一定順序排列，這樣風扇便能吹出習習涼風了，這就是世界上的第一臺風扇，這種風扇需要掛在人的頭頂處，而且每天晚上，為了讓風扇正常運轉，拜倫還要為風扇在第二天的工作擰緊發條。

　　所以這種風扇還是不太方便，有時候拜倫在結束了一天的工作後回到住所，已經徹底被累壞，往床上一趟就呼呼大睡，哪還會記起要給風扇上發條啊！因此，拜倫發明的風扇並不受其他人的青睞，大家還是寧可忍受高溫，也不願使用風扇。

　　四十多年後，法國人約瑟夫想：既然擰發條是麻煩事，那就讓機器自

己去轉，這樣人類的雙手不就能解放了？

於是，他造了一個靠渦輪發動的風扇，同時他還增添了齒輪與鏈條組合的傳送裝置，使風扇的使用變得方便很多。

又過了好幾年，美國人舒樂想出一個更加偷懶的方法：為什麼要把風扇和發動機分開呢？合在一起能夠節約空間呢！

舒樂是個行動力特強的人，他也沒細想，就將葉片裝在了電動機上。

在試用了自己的發明後，舒樂覺得並無不妥，便申請了專利，然後開始生產這種一體式的電風扇。

很快，大家都用了舒樂的電風扇，終於在酷暑中享受到了一絲清涼。

後來，人們又發明擺頭式、伸縮式電風扇，大大豐富了電風扇的性能，使其成為舉足輕重的家用電器之一。

【Tips】

電風扇工作時，由於有電流通過電風扇的線圈，導線是有電阻的，所以會不可避免地產生熱量向外放熱，故溫度會升高。但人們為什麼會感覺到涼爽呢？因為人體的體表有大量的汗液，當電風扇工作起來以後，室內的空氣會流動起來，所以就能夠促進汗液的急速蒸發，結合「蒸發需要吸收大量的熱量」，故人們會感覺到涼爽。

34

從理髮店散發出迷人氣息

魅力無窮的香水

香水自從被發明的那一日起，就是女士們的最佳伴侶之一，著名的好萊塢女星瑪麗蓮·夢露甚至說，她每天晚上睡覺的時候，只會穿香奈兒五號入睡。

後來，男人們也愛上了香水，並在正式場合會使用它，以展現良好的修養。

所以說，香水是全世界人共同的寵兒！

香水是怎麼來的呢？

這要追溯到十八世紀初期了。

在當時的德國，有一位來自義大利的姑娘，她叫法麗娜，她的父親是一位理髮師，所以法麗娜理所當然也就開了一家理髮店。

法麗娜非常熱情，對顧客的要求盡量滿足，而且長得也很甜美，遂吸引了很多顧客。

此外，她還有一樣祕密武器，那就是她父親調配出來的獨門鹽洗水。

這種鹽洗水取材於匈牙利水，由數種精油，如迷迭香、玫瑰、檸檬、甜橙等混合而成，據說能使七旬老嫗煥發青春活力，而且氣味芳香，令人心曠神怡。

法麗娜的父親在匈牙利水中又添加了苦橙花油、香檸檬油等，讓鹽洗

水散發出一種淡淡的檸檬香味，顧客們用這種盥洗水洗完頭髮後，能讓自己身上的香味維持一段時間，所以他們經常去法麗娜那裡消費。

法麗娜的生意因此越做越大，她一個人實在忙不過來了，就雇用了一些人手幫忙，這下，她的店就更加熱鬧了。

在一個深秋的黃昏，法麗娜的店裡來了一名老顧客，他叫理查。

理查是個講究的年輕人，他對自己的髮型和服裝總是很挑剔，在理髮時也要求很多，但是唯獨對法麗娜的盥洗水，卻是鍾愛有加。

「我敢說，全德國找不到第二家用你們那種盥洗水的理髮店！」理查經常對法麗娜讚嘆道。

法麗娜謙虛地搖搖頭，不過心裡還是很高興的。

這一回，法麗娜見理查這麼晚了還來理髮，知道他明天肯定有什麼重要的事情，就熱情地招呼他坐下，然後為他服務起來。

理查一邊乖乖地坐著，一邊與法麗娜攀談起來。

忽然，他提出了一個請求：「親愛的法麗娜，妳能不能把妳的盥洗水賣給我一點？」

法麗娜有點驚訝，她好奇地問：「你什麼時候想要自己動手整理自己了？」

「不是。」理查急忙否認，他的聲音竟然變得有點羞澀：「明天晚上，我有個重要的約會，所以想用妳店裡的盥洗水噴灑一下。」

從自己懂事以來，法麗娜還不知盥洗水竟然可以被直接噴灑在身上，她更驚訝了，詞不達意地又問道：「你居然用它來噴在身上？」

「不，不！我從沒試過。」理查擺擺手，解釋道：「是因為盥洗水太

香了，它讓我覺得充滿了魅力。可惜妳的
盥洗水香氣持續的時間不夠，不然我也不
需要來買它了！」

法麗娜這才明白過來，她當即慷慨表
示，送一些盥洗水給理查，這讓理查感激
不盡。

當理查走後，法麗娜思索起了對方的
話，她想：為什麼不改良一下盥洗水，讓
它變成一種只用來散發香氣的東西呢？或
許它會更受大家的歡迎。

產於西元一八一一年的法麗娜古龍
水

於是她開始悉心研究起來。

法麗娜繼承了父親的創造基因，研究起發明來也是得心應手，一年
後，她終於造出了一種和以往完全不一樣的「盥洗水」。

她將其裝在精緻的小瓶子裡，然後給客人聞。

幾乎每一位聞過「盥洗水」的人都豎起大拇指，說：「好香！」法麗
娜遂將自己的發明物稱為「香水」。

這種香水比較淡，它的成分是乙醇、蒸餾水和各種香精，留香時間比
較短，頗受男士的歡迎。因此，後來又有了一個名字——古龍水。

其實香水的分類有好幾種，女士香水的味道要比男香濃烈一些，後來
人們又陸續改造了法麗娜的香水，到如今，商店裡的香水已經琳瑯滿目，
讓人眼花撩亂。

香水的使用最早可以追溯到西元前三千年左右，當時埃及人發明的可菲神香，可謂是世界的香氛之源。它是由祭司和法老專門製造的一種香油。十世紀的時候，伊布恩‧希納醫生發明了用蒸餾法從花中提取芳香油，製造出了薔薇水，可算是現代香水的雛形了。在十四世紀問世的匈牙利水是用乙醇提取芳香物質的最早嘗試，為真正意義上香水的發明奠定了基礎。

35

幸虧它吸了一口氣

為家庭主婦解憂的吸塵器

　　生活中處處都有驚喜，不要抱怨生活不給你機會，而是你缺少一雙發現的眼睛。

　　西元一九〇一年，英國的一位土木工程師H‧塞西爾‧布魯斯來到了倫敦的萊斯特廣場，他此行的目的是去帝國音樂廳觀看展覽。

　　當時美國人發明了一種車廂除塵器，還打出了巨幅廣告，誇耀其性能有多優越，這激起了布魯斯強烈的興趣，他想看看自己在大洋彼岸老本家的本事到底如何。

　　展覽當天，除了布魯斯這樣的業內人士，現場還來了很多家庭主婦，女人們都希望能出現一種既方便又實用的除塵器，她們實在是不堪忍受每日家裡繁重的清潔工作了。

　　美國人造出的除塵器很大，這讓很多人在見它第一眼的時候，心裡就起了嘀咕：如果在家裡放一臺這樣的機器，操作起來不方便啊！

　　後來，當工作人員向眾人展示如何使用這種除塵器時，大家更是一瞬間都失望透頂。

　　原來，車廂除塵器的除塵原理很簡單，就是靠一個字——吹！

　　可是展覽館是封閉式的，除塵器能把灰塵吹到哪裡去呢？

　　當然是吹到了觀眾的臉上和身上啦！

於是，當這臺機器發出轟隆聲之後，很多人都大叫起來，一邊忙不迭地後退，一邊揮舞著雙手去驅趕灰塵，即便如此，他們仍是被吹得灰頭土臉。

「哎呀！什麼東西呀！一點都不好！」觀眾們敗興而歸，失望極了。

當所有人都走了之後，布魯斯還站在原地觀察著除塵器，他也覺得這臺機器的發明很搞笑，但旋即又覺得，除塵器也不是毫無可取之處，如果能做一些改進，或許結果就會很不一樣。

該怎麼改呢？

突然，布魯斯來了靈感，他喃喃自語：「既然吹會惹人不悅，為什麼不用吸的呢？把灰塵吸進去，也能達到清潔的效果啊！」

為了證明這個觀點，他掏出了口袋裡潔白的手帕，然後找到了一把椅子。

椅子的扶手已經被美國人的除塵器吹得積起了一層灰，布魯斯小心翼翼地將手帕蓋到扶手上，然後用嘴對著手帕，深深地吸了一大口。

空氣中飄散的灰塵瞬間被吸到布魯斯的氣管裡，嗆得他大聲咳嗽。

當布魯斯好不容易止住咳嗽、擦掉眼淚後，他趕緊拿起手帕查看。

這時，手帕上沾上了一條黑黑的汙漬，而椅子扶手上被蓋起來的部分卻是乾淨的，顯示出木頭的黃色紋路。

「我還真是聰明啊！」布魯斯樂呵呵地誇了自己一句。

回家後，他就尋思著也做一臺除塵器，改用吸灰塵的方式來做清潔工作。

他首先造了一臺強力電泵，這樣除塵器的動力就能產生了，然後他將

一根粗大的橡膠軟管與電泵相連，將灰塵吸進軟管中。

　　他還做了一個過濾的布袋，避免把重要的東西也吸到機器裡，就這樣，第一臺英式吸塵器便誕生了！

　　布魯斯也為他自創的除塵器打了很多廣告，讓人們逐漸瞭解了這種機器的優勢。

　　他還申請了專利，並開設了除塵公司，不過他並不販賣吸塵器，因為他的吸塵器實在是太大了，不適合家庭主婦在家裡使用，所以他想到了一個好辦法，那就是為市民提供除塵服務。

　　第一次世界大戰期間，很多英國士兵駐紮在倫敦的一些公共建築物中，其中包括了西元一八五一年為世博會建立的「水晶宮」。

　　「水晶宮」的名字很好聽，可是它的裡面到處都是厚厚的灰塵，都快要變成「灰塵宮」了。

　　士兵們長期在垃圾遍地的水晶宮裡活動，身體很快起了反應，他們得了可怕的斑疹、傷寒，醫生懷疑這種疾病是由蝨子和跳蚤引起的。

早期的吸塵器

於是軍隊的長官去請布魯斯和他的公司除塵。

布魯斯聽說這種情況後，立刻派出了十五臺巨大的吸塵器，浩浩蕩蕩地開往水晶宮。

他和工作人員足足工作了兩個星期，最後從水晶宮裡竟然吸走了重達二十六噸重的灰塵！

人們對此事驚嘆不已，從此水晶宮煥然一新，而士兵們則再也不生病了。

【Tips】

美國俄亥俄州的發明家斯班格拉在西元一九〇七年發明了家用吸塵器。當時他在一家商店裡做管理員，每天都要清掃地毯成為了他最大的負擔，為了減輕自己的工作，他製作了一個用電扇造成真空將灰塵吸入，再吹入布袋的機器。這就是現代家用吸塵器的原型。不過，由於他本人無能力生產銷售，他把專利轉讓給毛皮製造商胡佛。於是胡佛便開始製造一種帶輪的「O」型真空吸塵器，銷路相當好。

36

生意被搶一怒做研發

能夠控制墨水的鋼筆

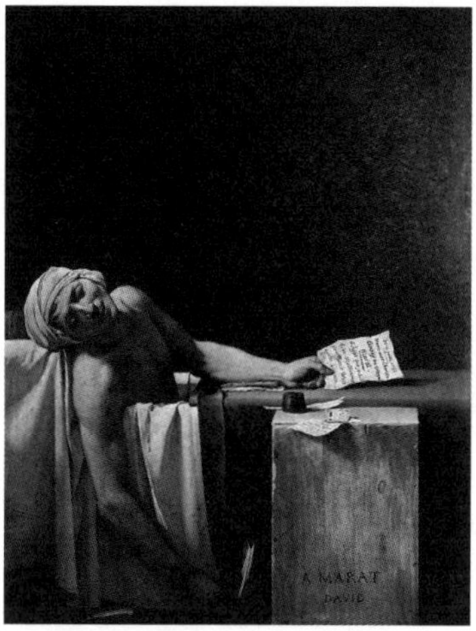

在達維特的油畫《馬拉之死》中，馬拉倒在浴缸裡，握著鵝毛筆的手垂落在浴缸之外。

鉛筆在誕生之後，足足風行了兩百多年，但是它有個缺點，就是字跡太容易被擦乾淨了。

後來，人們發現鵝毛是中空的，能吸收一點墨水，便觸發了靈感，將其經過硬化、脫脂，再削尖根部，就成了一枝能用油墨書寫的筆了。

因為這項發明，鳥兒們可遭殃了，上至尊貴的天鵝，下至聒噪的烏鴉，牠們的一根根羽毛都被拔了下來，成為人們手中的書寫工具。

照理說，羽毛筆的誕生是一件好事，但在西元一八〇九年，對一個名叫沃特曼的美國業務員來說，羽毛筆卻成為他心頭的夢魘。

沃特曼供職於一家保險公司，是個性格內向的人，不善於言詞，但為了生活，只得硬著頭皮工作著。

當時保險業的大環境也不好，不僅顧客少，而且競爭激烈，這讓沃特曼的處境更艱難了。

沃特曼仍舊堅持著，他咬緊牙關一家一家地找尋客源，終於，上天似乎向他展露了一絲笑顏，他接到了一筆大單子！

　　沃特曼歡呼雀躍，心中早已經計算好等合約簽完，能拿到多少提成了。前幾天妻子抱怨她沒有貂皮大衣，也許該給她買一件了，而兒子也缺一個新書包，看來不久之後他也能如願以償了。

　　然而現實卻總是跟預想的截然相反。

　　沃特曼迫不及待地與客戶商定好簽約的時間及地點，當他興致沖沖地帶著合約與客戶見面時，卻發現還有一位競爭對手也來到了現場。

　　他認得那對手，對方總是跟他過不去似的，已經搶了他好幾筆生意，他頓時黑了臉，很不高興。

　　「好在我及時趕到，不然後果不堪設想！」沃特曼心想，他擦了擦額頭上的汗水。

　　客戶在看完合約後，表示沒有異議，沃特曼按捺住內心的狂喜，拿出一枝羽毛筆，請客戶簽字。

　　誰料命運竟然在這一瞬間將它的橄欖枝收了回去。

　　當客戶正欲下筆的時候，飽吸了墨水的羽毛筆竟然漏水了，一大灘黑色的墨水滴落下來，將合約弄髒了。

　　沃特曼在心中暗呼不妙，偏巧客戶是個極其挑剔的人，任憑沃特曼怎麼勸，就是不肯在骯髒的紙上簽字。

　　沃特曼沒有辦法，他只好重新去印一份新合約。

　　就在他離開的時間裡，他的競爭對手看準機會，用三寸不爛之舌對著那名客戶進行了極盡的說服工作，結果當沃特曼回到原地時，他發現自己

的單子再一次不幸地被搶走了。

「混蛋！竟然趁人之危！」沃特曼憋了一肚子氣，大聲咒罵著。

一連幾週，他都不能從這個打擊中走出來，他怨恨那枝看似精緻的羽毛筆，進而又抱怨發明羽毛筆的人讓自己蒙受了那麼大的損失。

幾個月後，他稍微振作了一點，決定製造一枝能夠控制墨水量的筆，而且這種筆要能方便攜帶，以便讓業務員們避免出現筆壞掉的情況。

從此，他一門心思去尋找製筆之法，認真程度連他的老婆、孩子都要驚嘆。

他的老婆平時愛在家裡養養花，有一天，兒子看到母親在澆花，就得意地問道：「媽媽，妳知道花兒的葉子是怎樣吸水的嗎？」

沃特曼的老婆驚訝道：「花兒的根吸水不就好了？葉子還要吸水啊？」

「那是當然，妳看那葉子鼓鼓的，裡面有很多水分，怎麼可能不需要水呢？」兒子撇著嘴說。

做母親的來了興致，就接著問：「那你倒是說說，是怎麼吸水的啊？」這下兒子開始賣弄起學問來了：「因為植物的體內有毛細管，可以輸送液體呀！」

正巧，沃特曼聽到了母子倆的談話，他的心中頓時豁然開朗：如果在筆中也造一根「毛細管」，墨水不就能被吸走並儲存起來了嗎？

他又用了三年時間，終於在西元一八八四年發明了鋼筆。

沒過多久，鋼筆就成為全人類的書寫工具，而沃特曼再也不用做保險了，因為他現在的收入水準已經達到鉅額的程度了。

這時候，沃特曼才明白過來，原來那一天，老天不是在打擊他，而是在給他創造機會，幸運的是，他把握住這個機會。

【Tips】

　　鋼筆是人們普遍使用的書寫工具，它是在十九世紀初被發明的。西元一八〇九年，英國頒發了第一批關於貯水筆的專利證書，這象徵著鋼筆的正式誕生。在早期的貯水筆中，墨水不能自由流動。寫字的人壓一下活塞，墨水才開始流動，寫一陣之後又得壓一下，否則墨水就流不出來了。這樣寫起字來當然是很不方便的。

37
能夠發出巨大響聲的「小怪物」
耳機的誕生

在二十世紀二〇年代，世界上已經有了揚聲器這種東西，當人們在電影院觀看電影時，就需要揚聲器來擴大音量，好讓每個人都能聽見聲音。

有些人對揚聲器的喜愛並不滿足於此，他們喜歡大音量，喜歡讓自己完全沉浸在音樂的世界中，於是，一種裝滿了揚聲器、能讓整間屋子發出巨大響聲的音響室便誕生了。

德國有一位科學家叫尤根‧拜爾，他也愛待在音響室裡，而且他還建造了一間屬於自己的音響室，因為他經營著一家電子公司，所以那些技術上的事情對他來說不成問題。

那個時候，還沒有隔音技術這一說，儘管拜爾的家是一棟獨立的小洋房，卻阻止不了音響室內的聲音的外洩。

不知道大家有沒有注意到，當你處於一間充斥著巨大聲響的屋子時，你聽到的是轟鳴的音樂聲，而當你來到屋外時，你卻只能聽到轟鳴聲。

一開始，拜爾還不知道這種情況，有時候晚上也在音響室裡聽得不亦樂乎，全然不知道鄰居們已經對他有了很大意見。

一天早上，拜爾的一個鄰居、年邁的索菲女士過來拜訪拜爾。

「啊，索菲，妳起得真早啊！」拜爾揉著惺忪的睡眼，昨晚他聽音樂聽得太晚了。

豈料索菲一聽到這番話，竟然咆哮起來：「我不是起得早，而是根本沒睡著！你把聲音開得太大了！」

　　拜爾目瞪口呆，他趕緊向對方賠禮道歉，並保證下次會把音樂聲調小一點。

　　也不知道索菲女士是否具有神經衰弱的毛病，幾天後，當拜爾進入音響室後不久，她又來敲拜爾的門。

　　拜爾以為是晚上太安靜，導致一點點聲音都會變得很清晰，於是他盡量改在白天聽音樂。

　　可是索菲女士似乎跟他較上了勁，大白天也「咚咚咚」叩他的門，並狂喊拜爾的名字，很快，街坊們都知道拜爾與索菲的矛盾了。

　　拜爾有點生氣，他頂撞了索菲，後來，他在無意間聽到人們對他的批評，這才明白，原來對他有意見的不只索菲一個，但別人都不好意思說。

　　這樣下去可不行啊！得想個兩全其美的法子！拜爾愧疚地想。

　　有一天，他終於找到一個辦法，那就是造一種東西，只能讓自己聽到聲音，但別人是聽不到的。

　　為此，他召集了公司裡的技術專員，與大家一起討論聲音的轉換方法。

　　一晃十年過去了，拜爾終於發明了可以戴在耳朵上的小型揚聲器，他將兩個揚聲器分別與一根弧形箍架連接，這樣左右耳朵蓋住了揚聲器，聲音就不會洩露出去了。

　　在一個風和日麗的下午，拜爾邀請他的朋友來家裡聽歌劇。

　　於是，他的朋友興沖沖地進了拜爾的音響室，卻驚訝地發現，唱片機

雖然開著，卻沒有聲音出來。

「拜爾這傢伙在搞什麼鬼？」朋友嘟囔著，發現了躺在桌上的一個擁有金屬外殼的弧形「小怪物」。

朋友將小怪物拿在手上，似乎聽到了什麼嘶嘶聲，便好奇地把這個東西套在頭上。

一瞬間，嘹亮的歌聲驟然響起，從朋友的左耳流到了右耳，嚇得他後退了好幾步。此時，躲在門後的拜爾哈哈大笑起來，原來一切都是他安排的，目的就是試探一下人們對「小怪物」的反應。

不用說，拜爾的發明肯定是成功的，後來人們把「小怪物」稱為「耳機」，並在不便打擾到別人的時候戴上它，於是再也沒發生過曾經困擾了拜爾多時的事件。

【Tips】

　　耳機通常分為頭戴式、耳掛式與入耳式三種類型，其中對耳朵損傷最小的是頭戴式。為了避免耳機給人體帶來的傷害，佩戴時應注意：不要將耳機音量開得過大，最好保持在四十～六十分貝（一般談話聲或略小），以感覺舒適悅耳為宜；每天使用耳機不要超過三～四小時，並以間歇收聽為宜，最好每半小時就讓耳朵休息一會兒。

38

縣官公正斷案的工具

來自於中國的太陽眼鏡

現今時尚男女必定會人手配一副太陽眼鏡，而太陽眼鏡早就超越了防曬的功能，也不限在夏天佩戴，人們可以在一年四季，甚至是晚上戴著它出現，目的則是為了一個字——酷！

太陽眼鏡這個扮酷的物品，在很多人的印象中，大概是從國外引進的吧？

非也！

事實總讓人吃驚，太陽眼鏡居然是中國人發明的！

請不要懷疑這個事實，因為它是真實存在的。

不過，中國古人發明太陽鏡可不是為了裝酷，而是另有所圖。

在北宋末年，官場腐敗、惡霸橫行，百姓們的生活是難上加難。

當時只有很少一部分官吏能做到公正廉潔，有一個地方上的縣官便是其中之一，由於他是信佛之人，所以特別注重自身的品德，因而處事公正，獲得了百姓的盛讚。

有一天，衙門外忽然有人喊冤，縣官急忙更衣升堂，審理案子。

誰知縣衙的門剛一打開，立刻有數百人擁入衙門裡，他們跪倒在地，嚎啕大哭，求官老爺給自己做主。

縣官被沸騰的人聲吵得頭昏腦漲，趕緊一拍驚堂木：「公堂之上吵吵

鬧鬧，成何體統！要是再吵鬧，本官就將你們全部轟出去！」

眾人被縣官這麼一嚇，這才安靜下來，派出代表把事情經過說了一遍。

原來，眼前的這些人都是當地兩大財主——賈老爺和萬老爺的眷屬和僕人，賈家說萬家的女僕殺了賈老爺的兒子，而萬家卻說死者是自己突發疾病身亡，雙方都莫衷一是，說著說著又開始吵起來。

「肅靜！」縣官再度猛地一拍驚堂木，說道，「此事關係甚大，待取證後再議！」

於是，一樁人命官司就算是立了案，成為街頭巷尾的話題。

縣官派仵作對屍體進行採證，而這時候賈家和萬家也行動起來，他們紛紛派人去縣衙「問候」官老爺，並準備了極其豐厚的錢財，說是要請縣官主持公道。縣官很生氣，當場把送禮的人罵了一頓，並揚言誰要再給他送禮，他就不再受理此案。

可是兩位財主也非等閒之輩，在他們眼中，錢是解決一切問題的工具，於是他們越發勤快地準備財物，希望能打動官老爺的心。

幾日之後，縣官開審命案。

萬家請來了幾位證人，舉證女僕手無縛雞之力，沒有能力殺人，聽得縣官頻頻點頭。

在一旁的賈家一見這種情況，急得汗流浹背。

當縣官退堂後，賈老爺趕緊讓人給縣官送去百兩黃金，並說了很多好話。

縣官大怒：「你們若自身清白，就不怕被汙蔑，現在這種做法，只能

證明你們做賊心虛！」

下一次開堂的時候，賈府請來了鎮上著名的醫師，證明賈家公子身體健康，不會莫名其妙地死亡。

聽了供詞，縣官的臉上流露出讚許之色。

這下萬家也著急了，也連忙送金銀賄賂縣官。

案件幾番審下來，縣令終於明白賈家和萬家為什麼要爭先恐後地給自己送禮了，原來兩家一直都在觀察自己的神色，一旦覺得情勢對自身不利，就會送個不停。縣令對賄賂之事深惡痛絕，為了避免麻煩，他派人給自己磨了兩塊玻璃，然後用墨水將玻璃染黑，並用金屬框將黑玻璃鑲起來，做成可以扣在耳朵上的樣子。

下一次開堂時，所有人都被縣令臉上的黑玻璃給震驚了，這次官司雙方都沒有來送禮，因為他們實在看不清縣令的表情。

後來，這種為了判案而發明的太陽鏡就流行開來，而它的玻璃再也無需用墨水染黑了，因為它鑲嵌的是有色玻璃，不會帶來掉色的煩惱。

【Tips】

十二世紀劉祁所著的《歸潛志》記載，太陽眼鏡是用煙晶製造的，一般只有衙門的官大人們才能戴，不是為了遮擋刺眼的陽光，而是在聽取供詞時，不讓別人看他的反應。

39

如何讓曹操睡一個好覺

枕頭的發明

現代人壓力很大，生活節奏也變得很快，只有到了晚上睡覺的時候才可以讓身心放鬆一下，所以睡眠對人們而言很重要。

枕頭是維持良好睡眠的關鍵因素之一，倘若沒有它，第二天人們起床時，必定會腰痠背痛，影響一整天的工作。

曹操畫像

枕頭是中國人發明的，距今已有近兩千年的歷史了，也就是說在兩千年以前，古人是沒有枕頭的，所以他們的睡眠品質往往很糟糕。

在三國時期，魏、蜀、吳三個諸侯國經常相互之間打來打去，其中以魏國曹操的野心最大，他一心想統一全國，於是南征北戰，一直在戰場上浴血奮戰。

事業心極強的曹操在白天非常疲憊，到了晚上又總是睡不好覺，所以他的精神一直高度緊張，長此以往，他得了很嚴重的頭疾。

有一天夜裡，曹操因為失眠，半夜三更睡不著，只好又點起油燈看書。

服侍曹操的小書童見丞相起身，連忙為他添置大衣，因為此時已是深

秋，晚上的寒氣很冷。

看了半個時辰後，曹操才終於有了睡意，他連打了好幾個哈欠，眼皮漸漸沉重起來。

小書童見曹操倦意深重，就好心提醒道：「丞相，你還是去睡吧！」曹操被書童的話猛地一驚，但隨後，瞌睡蟲再度來襲，他的精神又開始恍惚了。

小書童引導著步履蹣跚的曹操來到床邊，曹操一歪身坐在床上，順勢就要往下躺。

這時床上橫亙著幾木匣兵書，書童連忙把木匣堆在床頭，想等曹操睡著後再將兵書收拾到其他地方。

誰知曹操躺下的時候，頭正巧擱在了木匣上，他也沒覺得有什麼不妥，就呼呼睡過去了。

小書童不方便再去打擾曹操，就看著曹操的睡姿偷偷地樂。

第二天，曹操醒來後，發覺自己的精神比平常要好了一點，這時書童過來詢問：「丞相，昨晚睡得好嗎？」

曹操點點頭，滿意地說：「甚好，比平時還要好。」

小書童一聽，心中起了疑問，他原本以為曹操這一覺會非常糟糕，沒想到居然比平時都要好，難不成這是木匣的功勞？

聯想到平日裡曹操的辛苦，小書童決定為曹操做點事情，來改善一下主人的睡眠品質。

他照著書匣的高度做了幾個中間略凹兩頭略翹的長方體物品，然後擺放在曹操的床上。

晚上曹操睡覺的時候，發現床上多了一個奇怪的東西，就問書童：「這是什麼呀？」

小書童俏皮地一笑，說：「丞相，你睡覺的時候可以枕著它入睡，保證讓你睡得香！」

曹操聽了這話，有點驚奇，他嘗試著睡了一晚，發現小書童說得果然沒錯，他確實比過去要睡得好。

曹操一高興，就給這種東西取名為「枕頭」，從此枕頭就逐漸出現在人們的床上，受到所有人的喜愛。

【Tips】

對正常人而言，枕頭的高度究竟多高才合適呢？一般認為，習慣仰臥的人枕高一拳，習慣側睡的人枕高一拳半較為合適。

40 華盛頓定會恨自己生錯時代
假牙的發展史

　　人的牙齒是非常嬌貴的，如果保護不當，就會發炎、生齲齒、有蛀蟲，而最壞的情況便是牙齒不能用了，自行掉落或被醫生拔掉。

　　由於成年人不再會長出新的牙齒，所以一旦牙齒沒了，牙床上就會出現一個凹槽，那是原來有牙的地方，容易導致吃東西時很不方便。

　　於是假牙應運而生。

　　在十八世紀以前，獲得假牙有兩種途徑，一是用骨頭或其他有機物雕琢成牙齒的模樣，二是把窮人嘴裡好的牙齒拔下來，送到富人的嘴裡去。

　　美國第一任總統華盛頓雖然是名人，外表看起來光鮮，但實際上他也有自己的苦惱，那就是他的假牙。

　　由於牙齒蛀了好幾顆，華盛頓不得不去牙醫那裡求助。

戰場上的華盛頓

　　牙醫見總統大駕光臨，趕緊熱情招待。

　　華盛頓讓醫生檢查了牙齒，得知自己的蛀牙必須得拔掉，不由得擔心地說：「我的牙齒沒了，演說的時候容易丟臉呢！」

牙醫卻笑著說：「沒有關係，我們這裡有很多假牙，你挑選一種材料來代替你的真牙就行。」

華盛頓非常驚奇，仔細查看醫生提供給他的幾種假牙。

他發現象牙假牙質地堅硬，而且顏色與真牙差不多，於是高興地說：「我就要這幾顆假牙！」

牙醫滿足了華盛頓的要求。

裝上假牙後，華盛頓的牙齒再也不痛了，這讓他變得更加自信，在演講的時候更有熱情，可以說是為他賺足了面子。

本來華盛頓對自己的假牙是很滿意的，但過了一段時間後，他卻開始嘆氣了。

因為人的嘴裡會分泌唾沫，而唾沫會慢慢腐蝕假牙，時間一長，戴著假牙的口腔就會瀰漫起一股腐爛的味道，讓其他人退避三舍。

華盛頓日理萬機，每天有數不完的信件，見不完的貴客，所以他不想讓自己的嘴巴變得臭不可聞，那樣會嚴重影響到美國的形象。

為此，他詢問了很多牙醫有沒有解決的方法，可是得到的回答始終是「不」，華盛頓只好自己想辦法。

他覺得葡萄酒能消除假牙難聞的氣味，於是每天晚上睡覺前將假牙取出來浸泡在酒裡，希望第二天不再有異味從假牙上散發出來。

可惜他的願望落空了，一直到他逝世，氣味難聞的假牙都伴隨著他。

要問華盛頓這一生最大的願望是什麼，莫過於能擁有沒有任何氣味的假牙，雖然他在世時沒能實現這個心願，但後人一直在兢兢業業地努力著，讓假牙的品質越來越好。

在法國大革命爆發之初，全套烤瓷牙的技術誕生了，那是巴黎一個牙科醫生發明的，後來人們又發明了單顆烤瓷牙，從此齲齒的修復再也不是夢。

早在十八世紀初，巴黎的一位牙醫發明了用彈簧來固定假牙的技術，一百年後，美國的牙醫則發現，如果假牙的牙托能與口腔完全吻合，則假牙無需彈簧，就能牢牢固定在牙床上。

這一發明足以讓華盛頓羨慕至極，因為他生前一直用彈簧來固定假牙，而彈簧有個很大的缺點，就是容易壞掉，一旦彈簧出現問題，假牙就掉了，所以他有時候會陷入「滿地找牙」的窘境。

到了十九世紀，美國人開始用橡膠造假牙了，這種假牙很便宜，但就是比不上華盛頓的象牙假牙。

二十世紀時，出現了塑膠假牙，雖然塑膠仍舊很便宜，但這回華盛頓應該笑不出來了，因為塑膠的異味大大減少。

如今，人們普遍採用的是丙烯酸樹脂等塑膠材料的假牙，這種假牙沒有味道，且仿真度極高，非常安全，代表了牙科技術的飛速發展，相信長眠在地下的華盛頓若得知此事，一定會懊悔自己早出生了幾百年，沒有生活在當代啊！

世界各國都在進行更適合人體的假牙材料的研究，鈦及鈦合金被認為是迄今為止最理想的人體植入物金屬材料。專家還預言，將來可以修復幾乎所有的牙列缺損和牙列缺失，使咀嚼功能恢復正常，以致於假牙和真牙難以分辨。

41
組合創意的典範
發光的棒棒糖和電動牙刷

湯姆·科爾曼和比爾·施洛特是美國弗吉尼亞州的郵差。

西元一九八七年夏天的某個傍晚時分，他們在回公司的途中看到一個孩子在玩螢光棒，閃爍的綠色亮光十分好看。兩人流連駐足片刻，忽然有了奇思妙想：「如果把棒棒糖放到螢光棒的頂端，讓光線穿過半透明的糖塊，該是一種多麼奇幻的效果。」他們試了試，效果果然非常奇妙，特別是在夜間則更加明顯。就這樣，發光棒棒糖誕生了。

這是一項發明專利，他們把這項專利賣給美國開普糖果公司。

如果你認為兩個郵差就此滿足，那就大錯特錯了，實際上這是一系列奇蹟的開始。之後，棒棒糖在他們那裡不斷推陳出新：棒棒糖舔起來費勁，起碼對小孩子來說，時間久了，糖還沒吃完，兩腮一定很痠，何不裝一個自動旋轉的插架？於是，旋轉棒棒糖又誕生了。

此後六年時間，這種棒棒糖銷量高達六千萬個，兩人大賺一筆。

事情到此並沒結束，不久，開普糖果公司被其他公司收購，公司領導人約翰·奧舍離開開普後，開始一項新事業：尋找利用旋轉馬達能解決的新問題。在新的團隊裡，他們為了找到靈感，來到沃爾瑪超市，在商品貨架間搜尋。這時，他們看到電動牙刷有很多牌子，可是價格都很貴，銷量較低。於是想到了為何不利用旋轉棒棒糖的技術，花五美元製造一支電動

牙刷呢？

　　隨後，旋轉牙刷誕生了，並很快成為美國最暢銷的牙刷之一。僅西元二○○○年一年就賣出了一千萬支。

　　旋轉牙刷的成功讓寶潔公司的老闆坐不住了，他們的牙刷賣得太貴，沒有競爭力。無奈之下，派出一名高級經理與約翰・奧舍談判，結果雙方達成了如下協議：寶潔收購奧舍的公司，首付一億六千五百萬美元，以奧舍為首的三位創始人在未來三年留在寶潔公司。不過，寶潔並沒有完全履約，而是提前二十一個月結束了和奧舍三人的合約，因為旋轉牙刷太好賣了，遠遠超出了他們的預期。最後，奧舍和他的搭檔一次性拿到了三億一千萬美元，加上首付款一億六千五百萬美元，共計四億七千五百萬美元，這真是一個令人瞠目結舌的天文數字。

【Tips】

　　棒棒糖和螢光棒結合成了發光棒棒糖，發光棒棒糖加上自動旋轉插架，又變成旋轉棒棒糖，旋轉插架與牙刷組合後，又誕生了旋轉牙刷。一系列創新之舉，帶來了驚人的利益和效應，可是創造發明本身，似乎顯得過於平淡無奇。

　　這只不過是簡單的組合──A＋B，實在沒有什麼高科技、高智慧值得炫耀，可是這就是發明。

42
慘澹經營終獲成功
速食麵的玄機

速食麵是當今社會最常見的速食食品，雖然它沒有營養，但是能快速填飽人們的肚子，所以仍然擁有相當多的擁躉。

速食麵的誕生時間並不久，而且它跟中國人有著不解之緣，因為它是由臺灣人發明的。

發明者原名叫吳百福，在二十世紀上半葉是一名販賣針織品的小老闆，後來在戰爭年代他來到了日本，並加入了日本籍，改名為安藤百福。

速食麵的發明者安藤百福

戰爭結束後，日本經歷了一段最艱苦的時期，由於物資匱乏，人們很難吃到飯，很多人被餓死了，滿目瘡痍。

安藤百福見此情景，心有戚戚，他覺得如果連最基本的吃飯問題都解決不了，又談何精神追求、世界和平呢？於是，他決定在食品行業中創出

一片天地。

幾年後，他創立公司，並發明一種營養粉，那就是將牛骨湯、雞骨湯的濃汁用高溫、高壓的方式製成粉末，將最精華的營養成分貯存下來。

這一食品受到了日本民眾的熱烈歡迎，而安藤百福這時並沒有想到，他的發明竟是在為日後的速食麵做準備。

一開始，安藤百福賺了很多錢，可是到了五〇年代，他經歷了一場極大的變故，結果把賺來的錢賠了個精光，讓他一度非常消沉，甚至覺得人生失去了方向。

在一個寒冷的冬日，安藤百福失落地走在大街上，當他經過一個拉麵攤的時候，發現很多人在排隊等著拉麵起鍋。

整個拉麵攤只有老闆一個人在緊張地忙碌著，所以隊伍移動得很慢，而後方又不斷有新的顧客排進來，導致等拉麵的隊伍一直沒有縮短的趨勢。

安藤百福看著人們那一張張焦急而又不耐煩的臉，心想：如果能生產出一種速食麵就好了，只要用開水泡一下，稍等片刻就能吃，那麼大家就不用再排隊了！

憑著商人敏銳的嗅覺，他覺得自己的這個想法一定能獲得成功，便重新燃起了鬥志，買了製麵機、炒鍋、麵粉、食用油等材料，一門心思地鑽研起製麵的方法來。

由於不是行家，安藤百福在最開始的時候總是把握不住要領。

他做出來的麵要嘛沒有韌性，要嘛黏成一團扯不開，他只好把失敗的試驗品全部丟掉，繼續進行新一輪的研究。

安藤百福的老婆見丈夫癡迷於烹飪之道，也來幫忙，可惜她也不知該怎樣讓軟趴趴的麵條變得堅硬起來。

妻子見安藤百福實在辛苦，就特地為他改善伙食，做了一桌香噴噴的菜給他吃。

這些菜大多經過油炸，所以表面很酥脆。

當安藤百福咬下一口炸里脊時，他幡然醒悟：把麵炸一下，讓麵硬的效果不就有了嗎？

他笑起來，覺得這頓飯是自己幾個月來吃得最香的一次，因此心情大好，將飯菜吃了個精光。

在理清思路後，他將麵與水調和，然後放入油鍋中炸，由於水分在高溫環境下容易揮發，所以麵條在炸完後表面會留下無數個洞眼，同時變得又脆又硬。

不過，當這種麵被泡入水中時，就宛若海綿一樣，會迅速吸水，變得軟趴趴的，但又韌性十足，這一次，安藤百福終於得到了他想要的結果。

不過光有麵還遠遠不夠，必須讓這種麵好吃才行。

安藤百福很快有了主意，他將自己過去發明的營養粉撒入到油炸麵的湯汁中，然後輕輕地攪拌幾下，頓時，濃郁的香氣撲鼻而來，由不得人不流口水。

在將麵發明出來以後，安藤百福申請了專利，並重新開了一家公司，實現了東山再起。至於他的麵，由於很方便又快速，後來就被人們稱為了「速食麵」。

　　麵條起源於中國漢朝。當時麵食統稱為餅，因麵條要在「湯」中煮熟，所以又叫湯餅。

　　到了魏、晉、南北朝，麵條的種類增多。著名的有《齊民要術》中收錄的「水引」、「餺飥」，「水引」是將筷子般粗的麵條壓成「韭葉」形狀；「餺飥」則是極薄的「滑美殊常」的麵片。

　　隋、唐、五代時期，麵條的品種更多。有一種叫「冷淘」的過水涼麵，風味獨特，詩人杜甫稱其「經齒冷於雪」。還有一種麵條，製得有韌勁，有「濕麵條可以繫鞋帶」的說法，被人稱為「健康七妙」之一。

　　宋、元時期，「掛麵」出現了，如南宋臨安市上就有豬羊庵生麵以及多種素麵出售。

　　及至明清，麵條的花色更為繁多。如清朝戲劇家李漁就在《閒情偶寄》中收錄了「五香麵」、「八珍麵」。這兩種麵條分別將五種和八種動植物原料的細末摻進麵中製成，堪稱麵條中的上品。

43
愛賣弄卻反遭不幸的樂器商
溜冰鞋的誕生

在寒冷的冬天，氣溫過低的時候，河水會凝結成冰，於是地面上便有了一條銀色的「路」。

很多人都對結冰的河流很好奇，想在上面滑行，後來有一個蘇格蘭人突發奇想：人們能在冰河上滑動，是因為腳下非常光滑，如果我造一個同樣光滑的地面，那豈不是一年四季都可以玩「滑冰」了？

他就把兩根摩挲得十分光滑的長木條釘在鞋子上，然後試著在鋪了平整木地板的地面上走動，發覺果然能快速地移動一段距離。

於是他非常高興，將這個好消息告訴了自己的朋友。

碰巧他的朋友們也特別喜歡他發明的這種新奇事物，大家遂一拍即合，在愛丁堡成立了一個溜冰俱樂部。

這是西元一七〇〇年的事了，此後，溜冰便成為鄉紳們的時尚運動之一，雖然人們滑不了多遠的距離，可是仍舊樂此不疲。

西元一七六〇年，有個名叫約瑟夫·梅林的倫敦樂器製造商也迷上了這項運動。

不過梅林的動機並不單純，他並非真的喜歡滑冰，而是他想藉機混入上流社會，與名流紳士打成一片。

在加入溜冰俱樂部一段時間後，梅林覺得溜冰並不好玩，因為大家在

穿上所謂的溜冰鞋後，並不能行進多遠。

　　而且梅林覺得紳士們溜冰時的神情很滑稽，就彷彿他們能從倫敦一下子飛到世界盡頭一樣，顯得特別誇張。

　　這時，梅林有了想法，他覺得如果自己能夠造一種真正向前滑的鞋子，不就能吸引大家注意了？到時候，那些紳士們肯定會搶著與他攀談，哪還會瞧不起他這個小小的商人啊！

　　「哈哈，這真是個好點子啊！」梅林拍著手笑道，他的腦中立刻浮想聯翩，幻想著自己躋身名流的情景。

　　接著，梅林就開始思考怎麼做這種鞋子了。

　　他每天坐在自己的樂器店裡，只要不忙，就望著街上的人群，默默地想著改進溜冰鞋的事情。

　　他想得如此入神，以致於有顧客進店了他也一無所知。

　　一次偶然的機會，梅林被街道上快速行駛的馬車所吸引，他注意到馬車之所以擁有很快的速度，全是因為那兩個轉動的輪子，如果他把輪子安到鞋子上，那鞋子說不定也能跑得很快呢！

　　梅林製造過不少樂器，雖然他從未造過輪子，但他覺得這對自己一個從事製造業十年的人來說，應該不成問題。

　　於是，他每日精心雕刻，終於做好了幾個小小的木輪，他將這些木輪排成一排，裝在長靴子的底部，然後滿心歡喜地穿上，往地上一站。

　　誰知，輪子由於承受不住梅林身體的重量，碎成了兩截。

　　「哎呀，幾個月的心血白費了！」梅林大呼可惜。

　　沒有辦法，他只好繼續造輪子。

這一回，他做出來的輪子大了一些，而且比先前的要厚實很多，所以沒有破裂，而是穩穩地支撐起了他的整個身體。

梅林抓著欄杆，在房間裡試了試他新造好的溜冰鞋，發現速度果然非同凡響。

他太高興了，以致於沒有好好練習，就興奮地將鞋子脫下來，盤算著要在第二天演示給俱樂部裡的所有人看。

翌日，他拿著溜冰鞋和小提琴去跟俱樂部裡的紳士們打招呼，但是得到的回應只是一個冰冷而禮貌的笑容，這讓他的心情跟往常一樣又沮喪起來。

他憤憤地想：一會兒讓你們見識見識，什麼叫做奇蹟！

他穿上溜冰鞋，拉起了小提琴。

當琴聲響起時，所有人都驚訝地看著梅林。

只見他從房間的一頭快速滑向了另一頭，而他一手拿琴，一手拉琴弓，看起來十分瀟灑。

「好！」在最初的震驚過後，人們紛紛鼓起了掌。

梅林見得到了大家的認可，心中越發得意，忘了要保持平衡，結果他大叫著衝向一面巨大的穿衣鏡，其他人試著想拉住他，可是他速度太快了，根本停不下來。

「哐！」梅林狠狠地撞在了鏡子上，將鏡子撞了個稀巴爛，而他的皮膚也被嚴重割傷，鮮血流得到處都是。

這下梅林倒了大楣，他不僅需要臥床休養很長一段時間，而且這面鏡子價值五百英鎊鉅款，是他怎麼努力都賠不起的。

此後，負了債的梅林越過越慘，最後淪為了乞丐，並成為了當地人的一個笑柄。但有誰會知道，其實他是溜冰鞋的鼻祖，是發明單排溜冰鞋的第一人啊！

【Tips】

　　西元一八一九年，曼西爾－彼提博又發明了一種溜冰鞋，以木塊做鞋底，下裝輪子，輪子排成一線。但由於每個輪子大小不同，這種鞋只能向前溜。到了西元一八六三年，美國人詹姆士終於發明了一雙輪子並排的四輪溜冰鞋，可以做轉彎、前進和向後的各種動作，這就是現在流傳最為廣泛的直排輪溜冰鞋。

44

為了滿足烈士的最後心願

防水的打火機

很多男人抽菸，在點菸之前，他們需要能點火的東西，於是打火機便應運而生。

有人會問：「火柴不也照樣可以點火嗎？」

的確，在打火機未出現以前，火柴是製造火焰的必需品，可是它有個很大的缺陷，就是怕風吹雨淋，所以在戶外活動時，遇上不好的天氣，火柴就很令人頭痛。

在第一次世界大戰期間，英國很多青年響應國家號召，浩浩蕩蕩地上了前線，而另一些人則致力於為戰士們服務，在這些人中，有一位來自倫敦的青年，他叫阿爾弗雷德‧丹希爾。

丹希爾是雜技團的演員，他明白在殘酷的戰場上，戰士們所面臨的壓力是巨大的，因此每當他隨劇團到前線演出時，不僅做好分內的工作，還經常為受傷的士兵包紮傷口，希望能幫助他們減輕痛苦。

有一次，丹希爾隨團來到一處戰地，當他們到來的時候，戰場上的濃濃硝煙依舊沒有散去，而戰壕裡還不時傳出一兩聲呻吟，看起來剛才似乎發生了一場異常激烈的戰鬥。

劇團裡的演員們無心表演，大家在團長的指揮下參與了傷患的救助工作。

這時，丹希爾在前方聽到一陣劇烈的喘息聲，他心頭一緊，趕緊一路小跑著向前。

最終映入他眼簾的，是一幕慘烈的畫面：一個雙腿被炸斷的戰士躺在血泊之中，他的臉頰蒼白得像一張白紙，眼睛半開半閉，要不是他嘴裡發出了混亂的聲音，丹希爾差點以為他已經離開了人世。

「嗨，兄弟，振作一點，我這就來救你了！」丹希爾急忙跑到戰士的身邊，鼓勵道。

戰士這才緩緩睜開了眼睛，他無力地看了一眼丹希爾，嘆息道：「別費力了，身體怎麼樣我知道……快……不行了！」

這時，巨大的悲傷襲上丹希爾的心頭，他的眼眶濕潤了，不知該如何是好。

「兄弟，我……我……有一個最後……的請求。」戰士翕動著破裂的嘴唇，一個字一個字地說。

丹希爾馬上哽咽地問：「什麼請求？」

戰士努力地說：「我想抽兩口……再去天堂……」

丹希爾聽到這句話，趕緊從口袋裡掏出香菸盒與火柴。

謝天謝地！還有一根菸！

他將菸送進士兵的嘴裡，然後哆嗦著雙手去劃火柴。

不巧的是，因為天上在下著毛毛細雨，火柴已被淋濕了，怎麼也點不著。

丹希爾很著急，他不得不去向別人借火柴，當他跑了好幾條戰壕，終於借到乾燥的火柴時，卻遺憾地發現那名戰士已經斷氣了，而對方的嘴邊

還躺著那根沒來得及點燃的香菸。

丹希爾悲傷地大哭起來，他覺得自己很沒用，連這麼一個小小的心願都無法讓戰士得到滿足。

其實在血腥的戰場，這些未完成的心願又何止成百上千！

丹希爾知道自己不能再讓此類事情發生，他要為之做點什麼。

他找到了一位化學家，向對方討教快速打火的辦法。

經過一段時間的學習，他選用了易燃的甲烷，同時又準備了微型的打火石，透過摩擦打火石產生火花，從而引燃甲烷。

最後，他將甲烷與打火石裝在一個鐵殼子裡，組成了一個「金屬火柴」。

在一個深夜，丹希爾用顫抖的右手點燃了這種「金屬火柴」，也就是後來的打火機，默默地在心裡感嘆：終於可以告慰那名死去戰士的在天之靈了！

【Tips】

西元一九二四年打火機開始大量生產。打火機的發展歷史中，使用過的引火材料包括苯、煤油和現在應用最普遍的丁烷。點火方式方面，在第二次世界大戰後日本人用壓電陶瓷電子生火替代了人造打火石，為現在打火機最普遍的點火方式。

45
雲霧繚繞的「仙境」
產於美洲的香菸

說到香菸，恐怕無人不知，無人不曉，它是全球消耗量最大的物品之一，若少了它，絕對會有很多人提出抗議。

它的歷史悠久，距今已有三千五百年了，所以它絕非工業時代的新生事物，而是由聰明的美洲居民率先發明的。

不過香菸之所以會從美洲走向世界，得多虧一個人的幫忙，他就是名揚四海的哥倫布。

哥倫布和他的兒子迭戈在修道院的門口

當年，哥倫布被西班牙國王預封為新大陸的總督，並得到承諾——可擁有被發現地區財富的十分之一。在巨大的物質利益刺激下，哥倫布精力十足，他的腦子裡只有一個願望，那就是尋找新世界，直到找到為止！

西元一四九二年的十月，哥倫布的船隊來到了西印度洋群島，船員們赫然發現在東部的一個海島上，瀰漫著大團大團的煙霧，彷彿人間仙境一般。

「難道說我們到達了天堂？」一些船員望著那個島嶼，驚奇地說。

哥倫布拿著望遠鏡在甲板上觀察了好久，卻看不清那濃煙背後的環境。

他放下望遠鏡，看了看地圖，心中盤算了一下，覺得已經快接近印度了，也就是說，他心心念念想要的黃金近在眼前了！

於是，哥倫布將手一揮，命令全體船員上島！

當這些歐洲人將船靠岸後，立刻向內陸進發。

在濃密的森林裡，他們之中的很多人都嗅到從空氣中飄來的一股辣味。

哥倫布也聞到了這種奇怪的氣息，他要求大家提高警惕，以防萬一。

後來，大家終於來到了一處空地上，發現原來此處是印第安人的聚集地。

印第安酋長見有一群長相奇特的人前來，頓時非常驚奇，好客的他對著哥倫布說了一大堆話，直讓對方丈二金剛摸不著頭腦。

酋長說罷，遞給哥倫布一根中空的木頭，然後又嘰裡咕嚕地說起來。

哥倫布目瞪口呆，他不明白對方想表達什麼意思。

這時，周圍一下子來了幾十個印第安人，他們一屁股坐在泥地上，手上也都拿著那種中空的木頭。

哥倫布仔細地觀察這些異族人的舉動。

只見印第安人無論男女老少，脖子上都繫著一塊黑色的「麵包」，他們用手在「麵包」上摘下一點碎屑，然後塞在中空木頭的一端，再用火點燃，於是，一大股白色的煙霧就從他們的嘴裡噴出來了。

哥倫布和他的船員看呆了，這才明白在海上所見的「仙霧」是這樣被製造出來的。

這時，酋長不斷對哥倫布說話，還拿起了燃燒的木棍。

哥倫布猜想對方是要自己也吸一口這種「麵包」，就配合地將手中的工具遞給酋長。

酋長將中空木棒點燃，然後交給哥倫布，哥倫布也沒有多想，猛地吸了一大口。

「咳、咳、咳！」濃烈的煙霧瞬間衝向了他的喉嚨，薰得他咳嗽不止。

酋長見哥倫布這麼狼狽的樣子，卻哈哈大笑，拍著對方的肩膀，又說了一句，哥倫布雖然不解其意，但猜到對方對自己很讚許。

接下來的日子裡，哥倫布在島上住了一段時間，沒有找到黃金，卻發現當地人將那種黑色的「土製麵包」看得比黃金還貴重，不由得暗忖：莫非這真的是一件稀罕物？

後來，他啟程繼續尋找黃金，熱情的酋長送了一些「土製麵包」給哥倫布。

哥倫布大為驚喜，將「麵包」帶到了歐洲，當時他並不知道這種東西即將風靡全球。

十幾年後，又有西班牙探險家在美洲發現了哥倫布帶回來的「麵包」，他們也學當地人的模樣開始吸菸，但與哥倫布不同的是，他們對菸草上了癮，結果當他們回國後，菸草的神奇魔力就得到了宣傳，捲菸的時代便開始了。

西元一七九九年，法軍進攻土耳其亞克城，雙方展開了一場激烈的戰鬥。當戰鬥間歇時，嗜菸如命的土耳其士兵，想要吸公用的水菸筒時，發現水菸筒已被法軍火炮擊毀。這時，有一個士兵望著點槍炮的火藥紙，突然驚叫起來：「夥伴們，我有辦法讓大家吸菸啦！」只見他用手把菸搓成了碎末，用紙捲成一個喇叭筒似的菸捲，叼在嘴上，點燃後，噴雲吐霧。

人們由此受到啟發，逐步地改革捲菸的工藝，就演變成了現在的香菸。

46
讓人清醒的神奇飲品
被羊啃出來的咖啡

最早的咖啡來自非洲，後來才成為人們鍾愛的飲品。

眾所周知，咖啡是由咖啡豆製成的，而咖啡豆長在樹上，可是這種黑色的豆子是如何被發現可以做成咖啡的呢？

這還得從咖啡的原產地——非洲之角說起。

在當地有一種咖啡樹，樹上當然是結滿了咖啡豆，不過人們並不知咖啡豆的功能，他們覺得這種黑色的果實長得很難看，所以肯定有毒。

有一個叫圖卡的人是個牧民，他家裡很窮，唯一的財富便是十隻羊，因此他對自己的羊呵護備至，唯恐牠們受到一點點意外。

有一天，圖卡像往常一樣將羊趕到長有一些野草的戈壁上，這時他發現附近有一些咖啡樹，連忙小心翼翼地驅使著羊群，防止羊食用咖啡樹上的果實。

到了下午的時候，村子裡的一個婦女忽然氣喘吁吁地跑到了圖卡的面前。

「你老婆要生了，快！」這個名叫阿曼的婦人大口大口地喘著粗氣。

圖卡一聽，頓時激動萬分，但他還有羊在身邊啊！

他立刻心急火燎地將羊群往回趕，在慌亂間他竟然忘了數羊，於是，當他走遠了之後，剩下的一隻羊就被落在了戈壁上，「咩咩」地叫個不停。

圖卡的老婆生了個兒子，圖卡很激動，抱著孩子看個不停，後來妻子提醒他應該將這份喜悅與全族人一起分享，他這才稍微清醒了一點。

在圖卡的村子裡有一個習俗：如果有一戶人家有了喜事，就得屠牛宰羊地招待其他村民，而被宴請的人也不會客氣，會將美食吃乾淨後再離開。

圖卡覺得即便自己再窮，也要慶祝一下，便決定殺一隻羊來慰勞村民，於是便去羊棚裡選羊。

結果他數來數去，發現只有九隻羊，不由得驚出一身冷汗：難道丟了一隻羊？

他連忙深吸一口氣，穩了穩心緒，仔細回想起下午趕羊時的情景。

最後，他猜測那隻走失的羊被遺忘在戈壁上了。

由於害怕羊兒被猛獸吃掉，他不顧已經黑下來的天，就一溜煙地又往戈壁上奔去了。

他的運氣很好，當他來到下午放羊的地點時，聽到附近傳來了羊愉快的叫聲。

循著聲音，他找到了走失的羊，不由得感動得淚流滿面，認為是上天對自己的恩賜。

不過有一件事情很奇怪，就是這隻失而復得的羊活蹦亂跳的，還叫個不停，和平日裡安靜的舉止大不一樣。

「難道是牠看到主人，太興奮了嗎？」圖卡忍不住笑了。

他揮舞著鞭子，想把羊趕回家，可是羊不聽他的指揮，牠一會兒亂晃腦袋，一會兒又走東闖西，似乎吃錯了藥。

圖卡很擔心，連忙抓住羊的角，生拉硬拽地把牠牽回了家。

到家後，圖卡已是大汗淋漓，他沒有休息，而是仔細對走失的羊做了一番檢查。

他在羊嘴裡發現了咖啡豆的殘渣，因此起了疑問：莫非這隻羊行為異常，是吃了豆子的原因？

由於擔心綿羊在吃完咖啡豆後會中毒，圖卡沒有把這隻羊殺了辦喜宴，他觀察了幾天，發現這羊又恢復了正常，變得和往常一樣了，這才放心下來。

不過他也因此起了很大的好奇心，想親身驗證一下咖啡豆的效力。

幾日之後，他去戈壁上放羊，順手摘了幾顆咖啡豆，放到嘴裡嚼起來。

很快，咖啡豆展現出了它的魔力，圖卡開始手舞足蹈起來。

他覺得很興奮，頭腦比清晨起床的時候還要清醒，彷彿疲勞一掃而空，不過壞處是他的心臟「撲通撲通」跳個不停，彷彿立刻就要跳出來似的。

恰巧，一群僧侶看到了圖卡的怪模樣，就走上前詢問緣由。

圖卡如實相告，僧人們點點頭，取了一些咖啡豆回去了。

後來，在進行夜間的宗教儀式時，那些僧侶就事先將咖啡豆熬湯，然後喝下，他們用這種方法來使自己保持清醒，而後人們也紛紛效仿，於是咖啡這種神奇的飲料便在全球風靡開來。

直到十一世紀左右，人們才開始用水煮咖啡。

十三世紀時，埃塞俄比亞軍隊入侵葉門，將咖啡帶到了阿拉伯世界，並迅速流行開來。

咖啡 Coffee 這個詞，就是來自於阿拉伯語 Qahwa，意思是「植物飲料」，後來傳到土耳其，成為歐洲語言中這個詞的來源。

近代巴勒斯坦的一家咖啡館

47
如何將藥物送進血管
「危險」的注射器

醫院裡有一種常見的器材，那便是注射器。

相信很多人對注射器深惡痛絕，因為它要扎進皮膚裡，會令人產生疼痛感。

可是醫學知識卻明確地告訴大家：將藥品直接輸入靜脈中，對治療疾病有著顯著的療效。這真是令人無奈啊！

在十七世紀六〇年代，德國科學家就發現了這一原理，於是有一些醫生動起了腦子：如果能製造一種工具，把藥物注入人體內就好了！

他們動手試驗了起來，將動物的膀胱做成一個氣囊，然後把混合了藥物的溶液裝入氣囊中，再輕輕一按，藥液就出來啦！

可是怎麼讓藥進入靜脈呢？這種氣囊可沒有武俠小說中的那種隔空打物的技能啊！

醫生們想了一些辦法，他們找來一些細小而結實的樹枝，將其表面打磨得十分光滑，然後再將樹枝掏空，與氣囊連在一起，一個最初的注射器便生成了。

不過醫生們並不敢用，他們覺得將這種注射器直接插在人身上，實在是太恐怖了，並不能保證病人的安全。

一天，一位因喝酒而胃出血的中年男人被送到了一個診所裡，由於病

情危急，醫生決定冒一次險，用注射器給病人注射藥物。

他將注射器上樹枝的一端削得很尖銳，然後猶豫了一下，就扎進了病人的靜脈中。

很快，注射器氣囊裡的乳白色溶液流進了病人的身體裡，待藥液全部流完，醫生鬆了一口氣，趕緊為病人止血，同時暗自祈禱這位病人能很快好起來。

或許是這名男子的身體比較強壯，在治療了一段時間後，竟奇蹟般地恢復了！

「原來我們的發明真的有用啊！」醫生們歡呼雀躍，從此大張旗鼓地使用注射器，毫不擔心會有何種後果。

後來，這種注射器由於不衛生，讓很多病人引發了併發症，導致救人不成反讓人送命的悲慘結局，便被議會禁用了。

一晃兩百年過去了，儘管注射器銷聲匿跡，可是醫生們從未放棄將藥物注入人體內的想法。

他們嘗試了各種器材，如塗有藥液的木鉤子、柳葉刀，企圖讓這些器具在刺穿皮膚的同時得到將藥物送入人體的效果。

可是這種方法光是說出來就足以讓人毛骨悚然，病人們都不肯讓自己變成試驗品，而醫生們也很無奈，他們只好在動物身上做實驗。

西元一八五三年，法國醫生普拉沃茲突發奇想，做了一個白銀針筒，這種針筒的容量只有一毫升，還配有一根帶著螺紋的活塞棒，以便將藥液推出。

人們因此將普拉沃茲視為注射器之父，但此時的針筒不等於注射器，

因為它還是無法刺入皮膚，人們只是拿它來消除胎記而已。

後來，又有人發明了針頭。

針頭是中空的，非常細，也很容易刺破皮膚，可惜當時的醫生並沒有意識到這一點。

直到幾年以後，蘇格蘭醫生亞歷山大‧伍德才提出一個新奇的想法：針頭和針筒應該是絕配啊！藥液裝在針筒裡，然後被推入針頭中，而針頭扎進了靜脈中，藥自然就可以注入人體了！

他將這種組合後的器材用來給失眠的病人注射嗎啡，結果非常成功，醫學界開始留意這種新工具了。

可惜樂極生悲，伍德的妻子也有失眠症，於是她嘗試著給自己注射嗎啡。

由於嗎啡注射過量會上癮，伍德的妻子控制不了對嗎啡的渴望，終於在一個晚上，因注射了過多的嗎啡而身亡。

伍德痛不欲生，此時他才發現針筒上是沒有刻度的，這也意味著在注射過程中，可能會因藥物量的無法掌控而導致病人受傷或死亡。

痛定思痛的伍德對注射器進行了改進，他不僅增加了刻度，還換上了更細的針頭。

從此，創傷面積極小，用藥迅速的注射器為醫生們廣泛使用，而很多人也因為這項發明撿回了一條性命，可以說是醫學史上的一大成就。

　　早在十五世紀，義大利人卡蒂內爾就提出注射器的原理。但直到西元一六五七年英國人波義耳和雷恩才進行了第一次人體試驗。法國國王路易十六的外科醫生阿貝爾也曾設想出一種活塞式注射器。英國人弗格森則是第一個使用玻璃注射器。

48
挽救生命的條紋
馬路上為何會出現斑馬線

在今日的馬路上，十字路口總會出現一些醒目的白條紋，稍懂交通規則的人都知道，這叫斑馬線，是專門為行人服務的。

當行人需要橫穿馬路時，他們就必須從斑馬線上走過，這樣就能避免被高速行駛的車輛撞到，可謂是人們的生命線。

斑馬線是怎麼產生的呢？這還得從羅馬時代說起。

其實無論是古代還是現代，交通問題一直是人們關注的，即便是交通不發達的羅馬，街道上也會有事故發生。

在羅馬帝國時代，城市裡的居民人數在不斷增加，而街道卻沒有擴建，仍舊很狹窄，加上十字路口又多，造成了一些地方的擁擠和堵塞，一些倒楣的路人有時就會與馬車撞在一起。

後來，一個地方官對此狀況進行一番思索：馬車之所以會撞人，是因為不減速的結果，而在交叉路口，人多車雜，如果大家亂哄哄擠成一團的話，是很容易出事的，唯一的辦法就是讓車輛減速，這樣行人就安全了。

於是，他召集手下探討可以提醒馬車減速的標誌。

「我們可以在靠近交叉路口的地方擺上木牌，警告馬車要放慢速度！」一個官吏說。

「不行，木牌會被移走的，或者被馬車輾個粉碎。」其他人反對道。

另一個人提議道：「不如在地上鋪一些石頭，告訴車夫要小心行駛。」

「可是石頭該怎麼擺放呢？會不會擋道啊？」大家又有些疑問。

這時，地方官忽然一拍桌子，大聲說：「我懂了！可以讓這些石頭從路的一頭一塊一塊地鋪到另一頭，用來告訴車夫，這是行人要走的路，所以他們需要減速，而石頭之間的空隙正好可以讓車輪通過！」

「不錯，不錯！」大家的誇讚聲裡有一半是真心覺得這個主意好，另一半則是為了給上級拍馬屁。

於是，數日之後，該城市的街道上出現了一些奇怪的石頭路，路人們可以踩著石頭過街，但他們需要從一塊石頭跳到另一塊石頭上，所以大家都開始像個猴子一樣地跳來跳去，而這種石頭也因此被稱為「跳石」。

隨著羅馬帝國的衰落，跳石也消失無蹤，於是街道上重新出現了擁堵的情況，再加上汽車的發明，各種交通事故更是層出不窮。

到了二十世紀五〇年代，英國政府決定改變這種狀況，他們向大眾徵集改善路況的方案。

有一位歷史學家研究過羅馬的跳石，他思忖道：如果把跳石直接鑲嵌在地面上，汽車就可以通行了，同時行人也能保障自身安全。

可是鑲嵌石頭過於麻煩，而且也不醒目，歷史學家就又想了個辦法：在路面上畫出一條一條黑白相間的線，這樣不就非常明顯了嗎？

於是，他將自己的想法上報給了政府，倫敦政府採納了這個建議。

數個月後，在倫敦的街道上赫然出現了一道一道白色的橫紋，人們都非常吃驚，議論道：「真像斑馬的紋路呢！」

結果沒過多久，大家就習慣性地稱其為斑馬線了。

由於斑馬線具有良好的提示性能，其他國家也都紛紛效仿，從而讓斑馬線變成了如今通用的路面資訊。

【Tips】

　　十九世紀初，在英國中部的約克城，紅、綠裝分別代表女性的不同身分。其中，著紅裝的女人表示已結婚，而著綠裝的女人則是未婚者。後來，英國倫敦議會大廈前經常發生馬車軋人的事故，人們受到紅綠裝啟發，發明了交通信號燈——紅綠燈。

49
愛護妻子就要緩解她的痛苦
衛生棉的創新

對女人來說，每個月總有那麼幾天，會經歷腹痛、肌肉無力的折磨，從而變得脾氣暴躁。即便有些女人不會疼痛，她們也會產生不適感。

在這個時候，男人們就要對女性多一些理解和關心了，畢竟男性同胞不會體驗一種類似一連七天都穿著潮濕內褲的感覺。

在二十世紀四〇年代的美國，有一位丈夫就對每個月要承受痛苦的妻子十分憐惜，甚至想要發明一種東西來替妻子分憂。

那個時候，女人們自創了一種「可洗式衛生棉」，她們會做一種長長的布袋，然後在袋子裡塞上棉絮或碎布，然後裹在襠部，再穿上一個用橡膠製成的「衛生圍裙」，最後穿上褲子，總之是麻煩至極。

這位美國丈夫的妻子就在每個月的月初要經歷七天這樣繁瑣的生活，有時候她很不耐煩，會指著丈夫大聲吼道：「為什麼你們男人不需要承受這種事情！」

做丈夫的這時微笑著接受指責，同時好言相勸，讓妻子安心。

妻子是一位文書員，所以即便在來月經的時候也得上下班。

有一次，妻子早上興沖沖地出門，晚上回來時卻黑著一張臉，眼眶也是紅紅的。

「親愛的，怎麼啦？誰欺負妳了？」丈夫趕緊上前去安慰。

妻子這時憋不住了，「哇」地放聲大哭起來，邊哭邊說：「今天在公司裡，好多人都看到我的褲子髒了，卻不告訴我，我是最後一個知道的！」

丈夫聽完老婆的哭訴，這才明白過來，連忙哄了她半天，這才讓妻子停止了哭泣。

第二天，妻子說什麼也不肯去公司了，她覺得自己太丟臉，沒辦法在外面走動了。

丈夫只好先出去工作。

等丈夫下班回來時，發現妻子正在發呆，便笑著問她：「又在想什麼呢？」

「我在想，以後每到這個時候我都不敢出門了，可是我又覺得在家裡很悶，很無聊呢！」妻子可憐兮兮地說。

丈夫疼愛地撫摸著妻子的頭髮，感慨道：「要是能設計一種棉布，既衛生又安全，而且是一次性的，該有多好！」

當妻子聽到這番話後，她立即高興起來，贊同道：「是啊！到時候我就可以自由自在地在大街上走了！我也不用再穿衛生圍裙了，那玩意兒真讓我難受！」

丈夫若有所思，他看著妻子，疼惜地說：「那就讓我來設計吧！」

妻子並不相信丈夫有這個能力，因為丈夫從未做過製造之類的事情。

可是丈夫非常有信心，他決定為妻子發明這種先進的衛生棉。

他開始尋找吸水性強的棉布，後來他又發現綿軟的紙漿也有同樣強大的吸附功能，就將兩種材料混合在一起。

同時，他受到了醫療手術的啟發，發現那種可用來包紮傷口的紗布可

以阻止鮮血的滲出。

　　於是，他將紗布包裹在棉布和紙漿之上，就做成了世界上的第一款衛生棉。

　　他讓妻子試用了一下自己的發明物，結果妻子的臉上洋溢著幸福，她高興地說：「非常好用！我感覺舒服多了！」

　　於是，衛生棉就開始在歐美國家流行開來，後來人們又把它變成了可黏貼的物品，婦女們因此享受到了更大的便利，她們在生理期期間的行動也越發自由了。

【Tips】

　　關於衛生棉發明的另一種說法是：第一次世界大戰中在法國服役的美國女護士們曾對經期用品做了一番大膽的嘗試：用繃帶加藥用棉花製成了最早的衛生棉。此後，衛生棉很快成為女人的莫逆之交。據說，第一個一次性衛生棉的廣告就是由美國繃帶生產商推出的。

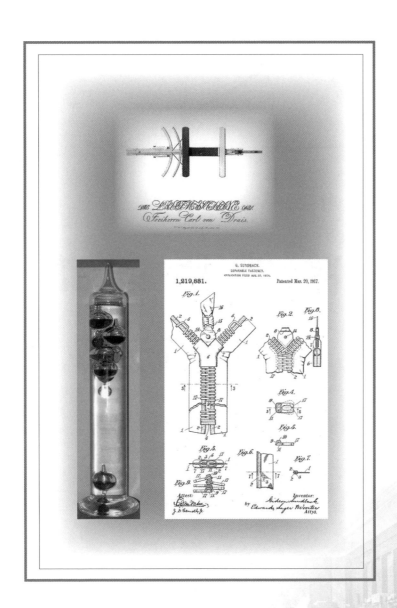

第二章

那些陰錯陽差搞出來的動靜

50
一次打獵過程中的意外收穫
掃帚的發明

掃帚是人們進行打掃時的工具之一，在吸塵器沒有被發明的古代，它對人類的貢獻是巨大的，替人們節省了相當多的精力和時間。

為何會有人想到要做掃帚呢？此事還得從一次打獵開始說起。

在四千多年前的夏朝，有一位名叫少康的貴族，他有兩個嗜好，一是喝酒；二是打獵。

少康是個神箭手，他每次出去狩獵，基本都是滿載而歸，所以男人們都喜歡跟他騎馬打獵，而女人們則在心中竊喜：又有野味可以吃啦！

有一年的春天，當氣溫稍有回升，少康就迫不及待地準備了馬匹和弓箭，飛奔著去了樹林，他已經憋了一個冬天了，早就技癢難耐，此番發誓一定要多打幾隻獵物回家。

豈知天公不作美，遇上了「倒春寒」，就在少康尋覓獵物的時候，天空又飄起了雪花。

很快，地上就積了薄薄的一層雪，彷彿銀霜一般閃亮。

少康有點失望，但他又不甘心就這麼回家，他心想：既然已經出來了，最起碼也得帶一隻野味回去吧？不然太虧了！

於是，不死心的少康就在樹林裡四處散步。

突然，少康看到有一隻色彩繽紛的野雞從自己的眼前「呼啦啦」飛

過，頓時內心狂喜。

　　他勒住坐騎的韁繩，抽出一支箭搭在弓上，然後屏住呼吸，等待射擊的最佳時刻。

　　那隻野雞似乎沒有察覺到危險，依舊不緊不緩地在雪地上走著，過了一會兒，牠似乎在地上發現了什麼，就停下腳步對著地面啄起來。

　　機會來了！

　　少康來不及思考，就將箭射了出去。

　　只見箭「嗖」地一下貫穿了野雞的背部，痛得野雞張開翅膀飛起來。

　　然而，到底是受了重傷，野雞飛了片刻就重重地砸在了地面上，也許是猜到了自己即將面臨的困境，牠努力地拖著華麗的長尾羽，蹣跚地爬行。

　　少康怕獵物逃掉，就趕緊下馬，欲將這隻受傷的野雞帶走。

　　當他來到獵物前時，忽然有了一個發現：野雞所過之處，地上那層薄薄的雪都不見了，只見野雞屁股後面的泥土非常乾淨，像是不曾被積雪覆蓋一樣。

　　少康見此情景，心想：雞毛還可以清除灰塵？我倒要試一下。

　　他便一把摁住野雞，然後在其身上拔下幾根長長的羽毛，在地上掃起來。

　　他驚奇地看到積雪被掃到了旁邊，地面變得異常整潔。

　　少康驚喜萬分，他沒想到此次狩獵，最大的收穫不是獵到野味，而是得到了一種清潔屋子的辦法。

　　當少康回家後，便用雞毛做成了一個奇怪的物品。

此物擁有著寬大的尾部，形狀跟野雞的尾巴差不多，而在該物體的上部，則是一根直直的木棒，可以方便人們用手拿捏。

少康將自己的這個玩意兒叫做「掃帚」，他拿著掃帚在屋子裡掃了掃，感覺對除塵十分有效，於是高興極了。

可是這種掃帚有一個很大的缺陷，那就是太軟，同時又容易掉毛。

為了讓掃帚保持形狀，少康用竹條、草代替雞毛，然後綁在一起，如此一來，掃帚就不容易散架了。

少康發明的掃帚從此成為中國人的家庭用品，並一直沿用至今，而在歐美國家，由於人們種植高粱作物，就想到用高粱稈做掃帚，結果也非常實用。

如今，掃帚仍是很多家庭必不可少的物品，有誰會想到，它的出現是因為一次打獵而得來的靈感呢？

【Tips】

彗星俗稱掃帚星，因其拖拽長尾而得名。舊時迷信說掃帚星主掃除，見則有戰禍，或天災。相傳，姜子牙的妻子馬氏，在丈夫沒有發達的時候要求姜子牙休了自己，後來姜子牙發達後她上吊自殺，被封為「掃帚星」，成了晦氣女子的象徵。

51

它的出現竟然要感謝火藥

從「硝石製冰」到霜淇淋

霜淇淋是消暑食品,可是最初它出現的時候,居然要得益於火藥!

一個是炙熱如火的爆炸物,一個是冰涼沁膚的食品,二者怎麼可以相提並論呢?

但事實卻是如此。

在唐朝末期,有一個節度使想擴大自己的實力,就想給軍隊裝備火藥,這樣一來,在作戰時他就能打遍天下無敵手了。

為了研製火藥,他到處尋找硝石礦。

因為硝石是製作火藥的原料,只要有了硝石,火藥的生產就不成問題。

描繪唐末節度使出行的壁畫

節度使派出去的礦工找了很長時間，終於在一處山上找到了豐富的硝石礦。

當節度使聽到這個好消息時，他興奮異常，就派了大量工人去開採礦石。後來他又覺得工地不應該與軍隊距離太遠，乾脆就將自己的駐地也搬到礦場附近，以方便監工。

這時候，節度使的兒子不高興了。

這位小少爺從小嬌生慣養，除了睡覺，剩下的愛好就是吃飯，自從他隨父親搬遷到有硝石的地方後，他就滿肚子氣，整天叫嚷著要回城裡去。

節度使對此很生氣，怒斥道：「男子漢就該磨礪自己的心智，怎麼能怕吃苦呢？」

小少爺不敢與父親頂嘴，但他卻不停對著親娘撒嬌，節度使的其他幾個夫人也都寵著他，誰讓節度使只有這麼一個兒子呢！

「娘！我在這裡吃的一點也不好！都變瘦了！」小少爺哭哭啼啼地說。

幾位夫人聽後很心疼，便尋思著做點好吃的給兒子，可是，小少爺的嘴巴總是很挑剔，無論多好吃的東西，吃兩口就吐了出來。

其實這個孩子是想藉口回到人多熱鬧的城市裡，所以才用了這種苦肉計。

節度使為了讓兒子有所擔當，就帶他去了工地，決定要好好教育兒子一番，告訴他男人該具備什麼樣的精神。

小少爺心不甘情不願地跟在父親身後，此時正是夏天，小少爺渾身都是肥肉，幾乎邁不開步子，簡直是叫苦不迭。

當父子倆到達工地時，正有很多工人抬著硝石從山上回來。

小少爺一看見工人，就命令道：「快打盆水來，我要洗臉！」

工人不敢怠慢，連忙舀了一盆水端到少爺的跟前。

小少爺剛想洗臉，碰巧他的頭頂上方有幾位工人在抬硝石往下走，由於硝石裝得太多，一塊較小的礦石掉了下來，正好掉在洗臉盆裡。

小少爺被濺了滿臉的水，他勃然大怒，剛想發火，在這個時候，奇蹟卻發生了！

只見臉盆裡的水慢慢凝固，在這個驕陽似火的七月竟然變成了一整坨冰，還冒著絲絲涼氣！

所有人都很吃驚，小少爺還伸出手指想戳一戳冰，結果他剛觸到冰面，就被凍得縮回了手。

「是硝石的作用吧！」有人猜測道。

小少爺回軍營後，他把當天的這件奇聞告訴了自己的親娘。

做娘的聽說夏天能製冰時，居然又想到了一個奇特的食譜。

她先將水煮開，然後讓人用硝石將開水變成冰塊，接著她將冰塊打碎，再淋上糖漿，一款全新的食品便出爐了！

她笑呵呵地端給兒子品嚐。

這一回，小少爺再也沒有說難吃，而是大聲讚嘆道：「太好吃了！」

夫人寬慰極了，便經常做這種冰給兒子吃。

後來，其他人也學會了夫人的製冰方法，到了宋朝，聰明的生意人在冰裡又加入了水果或果汁，於是冰的味道就更好吃了。

元朝時，人們又為這種食物添加了果醬和牛奶。

後來，這種冰被帶到了歐洲，經過多方改進，終於成為了現代的霜淇淋。

【Tips】

霜淇淋的名稱，是從英文音譯過來的，是冰加奶油的意思。國外有人考證，這種冰凍的奶食，原名為「冰酪」，是中國元朝宮廷的冷食。馬可‧波羅回國前，元世祖忽必烈偷偷將其製法傳給了他，馬可‧波羅將它獻給了義大利王室。

52

珍貴的黑色藥劑
來自義大利的玻璃鏡子

　　鏡子是人類的朋友，它能忠實地映出人類的本來面目，告訴你怎樣修飾儀表、搭配衣服，因此備受人們的喜愛。

　　在遙遠的古代，是沒有鏡子的，可是人們又想看自己的樣子，該怎麼辦呢？

　　有人就經常去河邊照臉。

　　那時的河水還沒有被汙染，水還是很清澈的，所以人臉的大致模樣還能被照出來了。

　　後來，人們又努力地磨石頭和青銅器，從而造出了石鏡、青銅鏡，讓人們更加清楚地看到了自己的樣貌。

　　到了西元四世紀，羅馬人用蘇打石和石英砂混合加熱，造出了玻璃，這種透明的物質能清晰地照映出物體的形狀，而且不受環境、氣候等影響，非常方便。

　　但是人們卻對玻璃

《女史箴圖》中仕女對鏡梳妝

不是很滿意，這是為什麼呢？

原來，由於玻璃中含有鐵元素，所以最初的玻璃是綠色的。

義大利的工匠們想盡了各種辦法要消除綠色，卻始終不能如願以償。

在當時的羅馬城裡，有幾家比較大的玻璃作坊，這些作坊主都不約而同地認為無色玻璃會更受大眾歡迎，因此均憋了一口氣，想要率先將無色玻璃製造出來。

可是說得容易做得難，一年之後，大家依舊是一無所獲。

於是，有些作坊主懶得再動腦筋了，他們尋思著不如就用綠色的玻璃製作一些花紋精美的器皿，這樣的話還能多賺一些錢。

還有一些人在堅持，認為自己肯定能找到使玻璃變色的方法。

在這些人當中，只有一個叫尼諾的作坊主與其他人想的不一樣，他覺得不一定非得要無色玻璃，如果讓玻璃變得五顏六色的，人們不也會照樣趨之若鶩嗎？

於是，尼諾找來幾個資深工匠，讓他們一定要造出有不同顏色的玻璃。天意弄人，正當尼諾滿心希望自己能生產出多彩玻璃時，一個工匠忽然來找他，並且驚叫道：「玻璃，沒有顏色！」

「什麼？」尼諾不解其意，就跑到鍋爐邊去瞭解情況。

結果，他看到了一面什麼顏色也沒有的透明玻璃！

「真不可思議！」尼諾讚嘆道。

他圍著玻璃轉了很久，突然想起什麼，問道，「你們在做玻璃的時候加入了什麼東西？」

工匠們便七嘴八舌地說起來，可是他們說的都是平時尼諾試驗過的材

料，聽得尼諾直搖頭。

這時尼諾注意到地上有一些黑色的粉末，便仔細查看了一下，問道：「你們用到它了嗎？」

工匠們紛紛搖頭，並驚訝地說不知什麼時候碰翻了這些粉末。

恰似一道閃電在腦中閃過，尼諾頓悟：正是這種黑色粉末改變了玻璃的顏色！這種粉末就是二氧化錳，自從它被尼諾發現後，義大利就有了無色玻璃。後來，工匠們又發現當玻璃的一面是不透明時，物體就能分毫不差地反映在玻璃裡了。

他們又想了很多辦法來塗抹玻璃。

一千年後，義大利的達爾卡羅兄弟用錫和汞進行反應，製成了錫汞齊，這種化合物能牢牢地吸附在玻璃的表面，於是，人類歷史上的第一面鏡子誕生了。

如今，鏡子背面是由鋁鍍成的，它也比過去任何時候的鏡子要便宜很多，因此在日常生活中得到了廣泛應用。

【Tips】

中國在西元前二○○○年已有銅鏡。但古代多以水照影，稱盛水的銅器為鑑，漢朝始改稱鑑為鏡。漢魏時期銅鏡逐漸流行，並有全身鏡。明朝傳入玻璃鏡，在清朝乾隆以後逐漸普及。

53
疑心病造出的絕美禮物
商人的高跟鞋

　　從前，在義大利的威尼斯，有一位特別有錢的商人，他的財富比全城的百姓一年的收入還多，這讓他在城中成了一個有頭有臉的人物。

　　商人多年來忙著做生意，還沒有結婚，因此前來說媒的人踏破了他家的門檻。

　　可是任憑媒人搖動三寸不爛之舌，說得天花亂墜，卻始終打動不了商人的心。

　　原來，商人認為那些姑娘都不漂亮，不夠資格娶回家當老婆。

　　媒人沒有辦法，只好去城外發掘「資源」。

　　終於有一天，媒人喜滋滋地拿著一幅畫像來見商人，並舌燦蓮花地說有個姑娘特別美麗，絕對屬於天仙級的人物。

　　商人半信半疑地打開畫卷，果然又驚又喜，只見畫中的女子眼含秋水，面似桃花，絳唇點朱，光看畫像就已令人心旌蕩漾。

　　媒人注意觀察著商人的神色，知道此事八九不離十了，便又誇了一句：「人長得比畫裡的還要美呢！」

　　商人這才哈哈笑起來，要與姑娘見上一面。

　　媒人忙不迭地將姑娘引薦給了商人，商人被姑娘迷得神魂顛倒，很快就訂下了這門婚事。

孰料因為妻子太美，商人竟然開始沒自信起來。

因為這個商人白手起家，直到中年時才有了一定的財富，而如今他真正有錢了，卻已經快步入老年，在容貌和精力上已經比不過那些年輕小伙子了。

加上這些年來，由於勞心勞力地操持生意，他的衰老程度也快過常人，因而每當他與小妻子走在一起，就跟父親和女兒為伴似的。

商人擔心妻子嫌棄自己衰老醜陋，就格外寵她，總是給她買貴重的禮物，還大把大把地為她花錢，哄得妻子十分開心。

其實這個商人不用太過擔心的，因為他老婆是個十足的拜金女，只要有錢就行，至於自己的老公長什麼樣，她根本不在乎。

但是商人不知道妻子的想法，他整日發愁，脾氣也變得古怪起來。

一次，他要去其他城市進貨，雖說只有幾天的時間，可是他卻很不放心，因為他在潛意識裡覺得妻子肯定會給他戴綠帽子。

於是，他命令幾個僕人對妻子嚴加看管，即便如此，他還是很不放心，又怕妻子逃出僕人的監視範圍。

為了讓妻子走不快，他專門為妻子訂製了一雙漂亮的紅皮鞋，鞋上有美麗的花紋和羽毛，此外，和其他鞋子不一樣的是，這雙鞋子的鞋跟非常高，穿上去之後很容易摔跤。

商人不怕妻子摔倒，只怕妻子不穿這鞋子。

他將鞋子塞在一個漂亮的盒子裡，當作禮物給對方看。

愛慕虛榮的妻子一打開盒子，便立即驚叫起來：「好美啊！鞋子上還有寶石呢！」

「是啊，親愛的，這是我為妳特製的鞋子，穿上它，妳會顯得更加婀娜高䠷！」商人流利地說著謊話。

「是嗎？那真是太棒了！」妻子捂著嘴笑道。

她迫不及待地穿上了紅色高跟鞋，在地上走了兩圈。

令商人欣慰的是，妻子居然沒有嫌腳痛，也沒有說不穿這雙鞋。

第二天，商人就出門了，而他的妻子也穿著高跟鞋在街上四處走動，因為她覺得這雙鞋子讓她的曲線變得非常優美，即便腳變得很痛，她也不在乎。

很快，城中的百姓就注意到了富商妻子腳上的高跟鞋。

令商人沒有想到的是，大家都覺得這鞋子很漂亮，甚至有人還打算照著給自己做幾雙穿一穿。

後來，商人得知了這一消息，乾脆大量生產高跟鞋，以滿足人們的需求。很快，高跟鞋便成為流行物品，在此後的幾百年間讓人們的腳疼痛並美麗著。

【Tips】

關於高跟鞋的發明還有另外一種說法：以愛美著稱的法國國王路易十四為了讓自己看來更高大、更具權威，就讓鞋匠為他的鞋裝上四寸高的鞋跟，並把跟部漆成紅色以示其尊貴身分。

54 一個窮光蛋的淘金夢
從帳篷到牛仔褲

世界上大概找不出一種褲子能像牛仔褲那樣流行，它老少通吃、耐磨耐髒，因為它是用帆布做的。

帆布，其實就是做帳篷的布料，聽起來是不是有種「很工人」的感覺？

沒錯，牛仔褲最初就是由工人發明的。

在西元一八四八年，從美國的薩克拉門托河畔傳出一個驚人的消息：這裡有大量的金礦，足以改變一個窮人的命運！

頓時，整個美國沸騰了，無數人拿著鐵鎬前往加利福尼亞州，為即將到來的黃金夢而激動不已。

這個夢想也跨越了大西洋，傳到了德國的巴伐利亞。

一個名叫李維・史特勞斯的年輕人剛失去了父親，他的父親在生前是個小商販，每日辛苦奔波卻仍然不能解決全家人的溫飽問題，眼下因為生活的折磨而離開人世，讓整個家庭更是雪上加霜。

李維・史特勞斯一咬牙，決定去美國碰碰運氣，他再也不想

尋寶者在加利福尼亞州一處河床淘金

過貧窮的生活了！

於是，二十歲那年，窮小子李維·史特勞斯漂洋過海，隻身來到三藩市。

當他抱著滿腔希望抵達目的地時，現實卻給他敲了一記悶棍。

誰都想發財，誰都不肯將黃金拱手於人，結果三藩市擠滿了世界各地的淘金者，大家住在簡陋的帳篷裡，活得異常艱苦，甚至連李維·史特勞斯的老家都不如。

由於淘金的人實在太多，金子也所剩無幾，這使得工人們不得不花費更多力氣來挖掘金礦，可是即使這樣，他們也收穫甚微。

李維·史特勞斯挖了一段時間的黃金，沒有獲得任何財富，反而比過去更窮了，一時間，他的內心充滿了絕望：難道自己的選擇是錯誤的嗎？上天真要斷絕我的前進方向嗎？

他每天帶著低落的情緒開工，淘到的金子就更少了，最後他乾脆放棄了淘金，而是去幫人們購置日用品，這樣還能稍稍賺到一些錢。

因為三藩市的人口激增，所以日用品的消耗量是極大的，可是賣生活用品的地方離工地卻特別遙遠，所以人們要為自己添置必備的物資，總是得費盡周章。

李維·史特勞斯想起了父親，他覺得自己是商人的後代，理應具備經商的頭腦。

他轉而開了一間雜貨鋪，為礦工們提供服務。

這一次，他的選擇是正確的，很多人都來他店裡消費，讓他的日子好過了一點。

李維‧史特勞斯見礦工們越來越多，就預先買了大量帳篷，他覺得這些帳篷是工人的必需品，肯定能賣個好價錢。

誰知他的如意算盤打錯了。

由於生活窘迫，礦工們大多會自帶帳篷，而已經在三藩市紮根的工人，又往往要將帳篷用到破敗至極，才會想到要換一個新的。

李維‧史特勞斯的帳篷賣不出去，急得他整天想著該如何銷售。

有一天，一個工人來到了李維‧史特勞斯的店裡，李維‧史特勞斯立刻條件反射性地問對方：「要買帳篷嗎？」

工人搖頭，說：「你這裡有沒有結實耐磨一點的褲子，我沒有褲子穿了！」

李維‧史特勞斯很驚奇，就和這名工人攀談起來。

他這才知道，現在淘金業特別不景氣，工人們每天不得不更加勤奮地勞動，他們的褲子就與砂土、石塊摩擦得更厲害了，有時候一條新褲子剛穿兩三天就磨出了洞，非常可惜。

李維‧史特勞斯頓時啟動了腦筋：帳篷是很耐磨的，不如我把積壓的帳篷改成褲子，然後再賣給工人吧！

他就嘗試著做了一條，還將其命名為「李維氏工裝褲」，這就是如今的知名品牌 Levis。

李維‧史特勞斯的帆布褲發明出來後，果然大受礦工的歡迎，不過他很快發現了一個難題：這種褲子實在太厚了，以致於上面的線經常會裂開。

有一個裁縫是李維‧史特勞斯的顧客，他想到了一個辦法——用鉚釘來加固褲子，褲子就不會裂了。

事實證明裁縫的話是對的，由於裁縫沒有錢去申報專利，李維·史特勞斯便提供資金，跟他一起申請了牛仔褲的專利。

　　或許兩人都沒有想到，牛仔褲在一百多年後竟成了時尚界的寵兒，登上了大雅之堂。

【Tips】

　　牛仔褲從誕生到經典的變遷：

　　一八五五年，最早的牛仔褲只有一個後袋。

　　一八七二年，始創用金屬鉚釘加固牛仔褲受力部位。

　　一八七三年，牛仔褲由灰色改為靛藍色，後袋飾以橙色的雙拱式線跡。

　　一八八六年，把後腰標牌的圖案由小矮人改為兩匹馬。

　　一八九〇年，加上一個表袋與後口袋。

　　一九〇五年，加上第二個後袋，至此牛仔褲有五個口袋的形式固定了下來。

　　一九二二年，在褲腰增設腰帶襻。

　　一九三七年，後袋的鉚釘被藏在裡面。

　　一九四一年，取消了牛仔褲前開襟下部

的鉚釘。第二次世界大戰期間去掉了後腰蝴蝶結及表袋鉚釘，而後袋的雙拱式線跡則由印製的相似圖形來代替。一枚月桂樹葉代替了壓釦上的標誌「L. S. & CO. S. F. CAL. 」。

一九四七年，拱式線跡重新出現。

一九五〇年，為隨應時尚潮流，褲管裁成更瘦身的式樣。

一九五五年，開始生產裝有拉鏈的五〇一牛仔褲。

一九五九年，開發出經過預縮處理的牛仔褲。

一九六六年，後口袋角處以條棒形短線跡代替鉚釘固定。

一九七一年，紅色標牌由祥「LEVI'S」改為捷「Levi's」。

一九八三年，由於織布機技術的改進，使得布幅增寬，紅褲邊消失。

進入九〇年代，科技的高速發展使得製作牛仔褲的技術大大提高，加上時間的累積令牛仔褲獲得了今天的完善結構。

55
被煤油洗乾淨的禮服
乾洗技術的產生

　　有時候，一不經意能惹出大禍，但有些意外卻也能促成好事，甚至改變一個人的一生。

　　十九世紀中葉，一個名叫喬利‧貝朗的男孩子在巴黎一個貧寒的家庭中誕生，而他的母親已經育有一個兒子，兩個女兒，所以一家人的生活非常艱難。

　　「唉，又添了一張嘴啊！」貝朗的父親看著剛出生的嬰兒，心中充滿愁緒。

　　為了養家糊口，父親起早貪黑地做著搬運工，而母親則去為貴婦們洗衣服，至於貝朗的哥哥和姐姐，他們也都在稍微懂點事後當上了雜役，盡力避免給家裡增添負擔。

　　當貝朗到了十三歲時，家裡再也沒錢供他讀書了，他也知道自己該斷了上學的念頭，因為哥哥姐姐們都在很小的時候就輟學了。

　　母親把他帶到一個貴族家裡，請求管家：「這孩子手腳麻利，可以做不少工作呢！就讓他留下來吧！」

　　管家繞著貝朗走了幾圈，搖搖頭：「太瘦了，怕是還沒工作，就已經暈過去了！」

　　「不會的！不會的！」可憐的母親捂著胸口說，「他雖然瘦小，但很

結實，我保證他會很能幹的！」

管家從鼻子裡發出了冷笑聲，但他好歹接納了貝朗，從這天開始，貝朗就成為了這個貴族家的雜工。

貴族的妻子是一個既挑剔又喜歡無事生非的女人，她總是懷疑貝朗偷懶，就不停地指揮貝朗做東做西，把這個可憐的孩子使喚得團團轉。

「貝朗，你為什麼沒有打掃房間！」婦人經常這麼吼叫。

實際上，貝朗只是沒有擦乾淨房間裡的一個花瓶。

「貝朗，你為什麼不好好洗衣服！」婦人又在大聲咆哮。

事實上，貝朗只是沒來得及曬衣服而已。

長此以往，小貝朗的神經變得高度緊張，因為他的耳邊總有一個悍婦在大吼大叫，而且他也極害怕自己會出錯，會遭致貴婦更加凶狠的斥責。

可惜有句話叫「忙中出錯」，越是擔心的事情就越會發生。

在一個夜晚，貴婦拿來一件華麗的禮服，要貝朗熨燙。

當貝朗接過禮服時，這個婦人又指著他的鼻子，尖叫道：「別給我弄髒了！否則我剝了你的皮！」

貝朗被嚇得渾身發抖，他趕緊將禮服放到熨板上，然後小心翼翼地工作起來。

此時夜已經非常深了，瞌睡蟲圍繞著小貝朗，不斷往下拉動他的眼皮。

貝朗強忍著睏意，努力地睜開眼睛，但過不了多久，他的身體又開始晃動起來，因為他快要進入了夢鄉。

突然，「撲通」一聲，徹底將貝朗的瞌睡蟲打飛到九霄雲外。

他驚恐地發現自己碰翻了煤油燈，燈裡的煤油傾瀉出來，將禮服弄髒了好大一塊。

「完蛋了！這可怎麼辦啊！」小貝朗急得眼裡噙著淚水。

那位貴婦人真是神通廣大，她居然聽到了煤油燈倒地的聲音，於是氣勢洶洶地過來，將貝朗一頓臭罵。

貝朗低著頭，默默無語，他不知接下來自己將會面臨怎樣的懲罰。

「反正衣服也髒了，我就不要了，但你得賠我！從今天開始，你就給我做一年沒有領薪水的工作！」

貝朗哭起來，他覺得自己給家人添了很大的麻煩。

待婦人走後，貝朗就將禮服掛在自己的屋裡，然後每天依舊在打罵中艱難地生活。

他每天都要看一眼禮服，提醒自己不要出錯，過了一段時間，他驚訝地發現，禮服被煤油浸過的地方不但沒弄髒，反而變得乾淨了！

「快把衣服洗乾淨，告訴夫人，這件衣服你沒有弄髒！」同屋的夥伴好心地跟貝朗提議。

貝朗卻興奮地搖搖頭，說：「不，我覺得它有更大的用處！」

自從發現煤油能清潔衣物後，貝朗又做了很多研究，他在煤油中添加了其他原料，製出了乾洗劑。

貝朗做了沒有領薪水一年的工作，但此後他在巴黎開了一家乾洗店，這也是全球第一家乾洗店。

貝朗的生意越做越大，最後他成了名揚四海的乾洗大王，而那個曾經對他不停吼叫的婦人卻沒有到他的店裡消費過，據說她一直對貝朗感到很

羞愧呢！

【Tips】

早期乾洗使用來自石油的汽油、煤油，但這些溶劑都有易燃的缺點。

西元一九三〇年代開始，四氯乙烯是最常見的溶劑。它具有化學性質穩定、不可燃、對多數衣物損傷小等優點。現在新的乾洗溶劑——液態二氧化碳出現了，它比石油洗得乾淨，安全性比四氯乙烯好，不容易溶解鈕釦，飾品等。

56
失敗是成功之母
用途廣泛的尼龍

尼龍是我們生活中很常見的東西，人們用它來做蚊帳、窗簾、襪子等，可謂是用途非常廣泛的一種物品。

尼龍這麼有用，發明它的人一定早就想將它製造出來了吧？

美國化學家華萊士・卡羅瑟斯

事實恰恰相反，在尼龍出現以前，沒人知道這個玩意兒，也沒人知道它可以被怎樣使用，總之，尼龍的出現，全靠上帝的安排。

在二十世紀三〇年代，美國有位名叫華萊士・卡羅瑟斯的化學家，本是哈佛大學的化學老師，後來杜邦公司仰慕其能力，就高薪聘請他擔任研究所基礎部的負責人。

卡羅瑟斯雖然換了工作地點，但他對科學的一腔熱情仍是沒有變，他幾乎每天都泡在公司的實驗室裡，其認真態度讓所有同事都交口稱讚。

後來，公司制訂了一項新任務，要卡羅瑟斯發明一種膠水，並要求該膠水得有很強的黏性，且不怕雨水和酸蝕。

這真是給卡羅瑟斯出了一個很大的難題，但他沒有退縮，反而向公司做出承諾：「我一定會完成這個任務！」

此後，卡羅瑟斯更加努力地去做實驗，他簡直將實驗室當成了自己的家，恨不得一天二十四小時待在裡面，讓他的老婆又是生氣又是心疼。

　　「你不要那麼拼命，早點回家休息！」妻子嗔怪道。

　　「妳不知道，我已經給了公司保證，一定要在三個月內完成研發，時間可是不多了呀！」卡羅瑟斯疲憊地說。

　　可惜三個月的期限馬上就要過了，卡羅瑟斯還是一無所獲，他感到沮喪，並開始懷疑起自己的能力。

　　在一個夏日，他忙碌了一整天，卻仍舊以失敗告終，這時他的心情灰暗到極點。他再也無心研究，而是想起了妻子的話，便垂頭喪氣地想：算了，還是早點回家吧！

　　他草草地收拾了一下實驗器材，也沒有像往常一樣仔細查看，就匆匆地關上了實驗室的門。

　　晚上睡覺的時候，他深刻反省了一下，覺得自己不該就這麼放棄，而應該繼續探索，他白天的情緒實在太糟糕了！

　　第二天，他早早就去公司了，他在心裡暗暗給自己鼓了鼓勁，繼續開始做實驗。

　　當他拿起一根玻璃棒的時候，忽然看到棒子的尖端黏著一些乳白色的膠狀物，很明顯，昨天他沒有將這根玻璃棒洗乾淨。

　　卡羅瑟斯想用手把膠狀物弄走，當他去拉棒尖的時候，一下子將膠狀物扯成了一根長長的細絲，無論他怎麼拉扯，細絲就是斷不了。

　　卡羅瑟斯捏了捏這根細絲，驚訝地發現它的強度非常大，也很結實。

　　這麼說，我的失敗之作還是有用的？卡羅瑟斯心想。

他的心情瞬間好了很多，然後他做出了一個決定：將過往失敗的化合物重新拿出來，放到一起加熱，然後看看能否拉出細絲。

卡羅瑟斯沒有想到自己的做法從此改變了人類的生活。

儘管他沒能製造出公司所要的膠水，但他卻發明了另一種讓公司收益頗豐的物質——尼龍。

自卡羅瑟斯發明尼龍後，杜邦公司乾脆放棄了生產膠水的初衷，轉而大規模生產尼龍，並迅速征服了整個市場。

如果不是以往的實驗都失敗了，卡羅瑟斯一定造不出尼龍，所以失敗成就了他，看來失敗真的是成功之母啊！

【Tips】

西元一九三九年十月二十四日，杜邦在總部所在地公開銷售尼龍長襪時引起轟動，被視為珍奇之物爭相搶購。很多底層女人因為買不到絲襪，只好用筆在腿上繪出紋路，冒充絲襪。人們曾用「像蛛絲一樣細，像鋼絲一樣強，像絹絲一樣美」的詞句來讚譽這種纖維，到西元一九四○年五月，尼龍纖維織品的銷售遍及美國各地。

57
隨戰爭遷徙過來的物品
大受歡迎的口香糖

口香糖是大家都愛嚼的一種物品，它能幫助清潔口腔，還能使口氣清新，所以很多人喜歡在飯後嚼一粒。

不過，人們之所以喜歡口香糖，最主要的原因恐怕還是因為它嚼不爛，這種能被反反覆覆嚼來嚼去的玩意兒總能激發人們的好奇心。

口香糖的原產地在墨西哥。

西元一八三六年，一位名叫桑塔‧安納的墨西哥將軍在傑生托戰役中被俘，押解到了美國。

這個安納除了打仗，還有點生意頭腦，他居然把本國產的一種人心果樹的樹膠帶到了戰場上。

當然，他被俘後，這種樹膠就來到了美國。

後來，安納被釋放，他不甘心就

桑塔‧安納畫像

此回國，便想方設法在美國逗留。

他聽說在澤西市有一位名叫湯瑪斯・亞當斯的冒險家，就專門去拜訪了對方。

「嗨，老兄，你想發財嗎？」安納開門見山地說。

亞當斯有些疑惑，他笑著回答：「當然想啊，就是沒想好該做什麼。」

安納就等著這句話，他從口袋裡掏出一個東西，然後塞進嘴巴裡嚼起來，邊嚼邊說：「我發現了一種能代替橡膠的樹膠，你有興趣嗎？」

亞當斯確實產生了興趣，就和安納聊了起來。

聊著聊著，亞當斯看著安納不安分的嘴巴，心中不禁有了謎團，忍不住問對方：「你嘴裡嚼的是什麼呀？」

「就是我所說的能代替橡膠的樹膠啊！」安納笑著解釋道。

由於對這種樹膠還不瞭解，亞當斯不敢輕舉妄動，就拒絕了安納的經商要求。

安納有點失望，不過他轉念一想：不如我一個人來販賣樹膠，這樣就少了一個人與我分享利潤！

於是，安納就大張旗鼓地開了公司，還不停地研究用樹膠代替橡膠的方法，結果無一例外地失敗了。

安納欠了一大筆債，這才灰頭土臉地回到了祖國。

再說亞當斯，自從與安納談過話之後，亞當斯就經常回想起安納嚼樹膠的情景，時間一久，他按捺不住好奇，就拿起一塊樹膠塞進了嘴巴，結果發現這種東西能夠被一直嚼在嘴裡，不由得嘖嘖稱奇。

亞當斯的兒子看到父親在嚼一種新奇的玩意兒，也效仿著放了一點在

嘴裡，結果他很快就找到了樂趣，並且樂此不疲。

在一個閒適的午後，亞當斯和兒子到一家藥店買止咳藥水，正好看到一個小女孩在買石蠟。

當時石蠟是用來磨牙的，因此經常被一些小孩子放在嘴裡咬著玩。

亞當斯忽然有了主意，他問店主想不想兜售一種比石蠟更好的磨牙物品。

店主當然求之不得，於是亞當斯告訴對方，下週他會將商品帶過來讓他檢驗。

當亞當斯與兒子回家後，父子倆針對嚼不爛的樹膠進行了一番改造。

他們將樹膠中加入熱水，攪拌至黏稠狀，接著用力揉捏這種黏稠的物體，然後捏成一個個只有大拇指指甲那樣的小圓球。

一週後，亞當斯把幾十顆圓球送到了藥店，店主試吃了一顆，當即表示自己要全部買下。

又過了兩天後，店主主動來找亞當斯，請對方再多做點小圓球，原來，這些橡皮糖很受顧客的歡迎，在短短兩天的時間裡幾乎要銷售一空。

亞當斯從中看到了巨大的商機，他乾脆租下了一家工廠，然後又花了極低的價格從墨西哥進口了原料。

從此，他的企業開始源源不斷地生產口香糖，並引發了巨大的轟動，人們都親切地讚揚道：「亞當斯的紐約口香糖——又香又綿！」

直到第二次世界大戰，口香糖的最基本原料仍是糖膠樹膠。人心果樹野生在中美南美和亞馬遜河流域的莽叢中，七十年的樹才能割膠，一棵樹每隔五年割一次，並且只有在白天割。由於大戰的原因，樹膠來源非常困難。為了克服樹膠的短缺，人們開始試驗口香糖合成主劑和合成樹脂，今天人們嚼的口香糖大都是以聚乙烯醋酸酯為基本原料的。

58
原本只是實驗室裡的儀器
保溫瓶的出現

在生活中，一般的瓶子和杯子只有貯存水的功能，但有一種瓶子卻還能維持水溫，保證讓人們喝到熱水，這種瓶子就是保溫瓶。

保溫瓶的出現很偶然，而最初發明它的人也沒想到它會成為人們的日用品。

那是在大約西元一九〇〇年，蘇格蘭的物理家詹姆斯・杜瓦有了一個驚人的發現。

他在實驗室中用低溫將氣態的氫氣壓縮成了液態，當透明的液氫流入試管的一剎那，杜瓦忍不住要跳起舞來，他終於創造了低溫物理學的奇蹟！

可是現實馬上拋給了杜瓦一個難題：該怎麼保存液氫呢？

氫氣變成液體的條件之一，就是需要極低的溫度，可是在自然溫度下，液氫卻很容易轉換成氣態，所以即便製出液氫，沒有低溫貯存技術也沒用。

「真可惜，一場辛苦要白費了！」杜瓦失望地說。

於是，他忙了一天製得的液氫全部還原，變成了氫氣。

晚上的時候，杜瓦躺在床上，翻來覆去，怎麼也睡不著。

他有點沮喪地想：如果一直不能讓低溫持續，那麼自己的實驗豈不是

要功虧一簣了？

到底該怎麼辦呢？

他想：如果我造一間冷凍室，也許可行，還能保存很多實驗用品呢！

可是很快他就打消了這個念頭，因為建一個偌大的實驗室不僅需要大量資金，保養起來也很不容易。

「算了，皇家學會是不會同意的！」杜瓦悶悶不樂地想。

他一夜無眠，第二天醒得有點晚了，便匆匆地起床，想早點去實驗室。

「哈尼！等一下！」正在廚房忙碌的妻子見丈夫要走，著急地喊了一聲。

「來不及了，我要走了！」杜瓦回應道。

妻子迅速走到杜瓦的跟前，塞給他一個布袋，叮囑道：「這是你的早餐，到實驗室後記得吃掉！」

杜瓦提了一下袋子，覺得很重，但他沒有時間打開，就點了點頭，然後飛快地出了門。

到工作單位後，杜瓦將布袋放在自己的桌上，去跟同事們討論起自己昨天的困擾。

大家對杜瓦的問題都很感興趣，但他們最後也沒想出一個好的解決方案。

臨近中午的時候，杜瓦忽然想起妻子給的早餐還在桌上，這時他的肚子「咕咕」地叫起來，彷彿在抗議主人的冷遇。

「可惜這些早餐不能吃了。」杜瓦無奈地搖搖頭，打開布袋，準備把

早餐扔掉。

誰知，杜瓦的妻子將早餐裝在一個玻璃罐裡，當杜瓦取出早餐的時候，他驚訝地感受到了食物的熱氣。

「太不可思議了！放了那麼久，居然沒有涼！」杜瓦大叫起來。

難道，是雙層玻璃的功勞？他興奮地想。

於是，他立刻去街上找到了一個製造玻璃器皿的工匠，請他幫忙做一個連在一起的雙層玻璃容器。

工匠讓杜瓦過幾天來拿，杜瓦連連點頭，回家後對妻子猛地一頓誇，差點讓妻子以為丈夫得了精神病。

幾天後，杜瓦要的容器做好了，他連忙到實驗室裡驗證容器的性能。

可是讓他失望的是，雙層容器也不具備貯存液氫的功能。

杜瓦百思不得其解，只好暫時將這種容器放在了角落裡。

幾週之後，他開始接觸到真空的知識，一下子茅塞頓開：真空可以破壞冷熱之間的傳導，如果把雙層容器中的空氣抽走，不就能達到無法散熱的效果了嗎？

他高興起來，拿起角落裡的容器，再度跑到工匠那裡，請對方再做一個容器，工匠也滿足了他的要求。

為了保護易碎的玻璃內膽，工匠還用鎳鍍在外層玻璃的表面，當杜瓦用這種容器裝液氫時，他欣喜地看到液氫沒有出現絲毫變化。

後來人們覺得杜瓦的雙層玻璃瓶可以裝熱水，而且能持續保持高溫，就都用它來裝熱水了。

大家都親切地稱這種瓶子為「杜瓦瓶」，也就是如今的保溫瓶。

起初保溫瓶僅在實驗室、醫院和探險隊中盛放液體，後來杜瓦想：既然它能使液體保溫，那也能把水保溫。於是，人們開始用「杜瓦瓶」裝熱水。到西元一九二五年，「杜瓦瓶」開始慢慢應用到平民百姓家，由於它的保溫作用，為我們的生活帶來了很大的方便。

【Tips】

　　保溫瓶的原理很簡單：瓶有內壁和外壁；兩壁之間呈真空狀。真空中無法進行熱傳導和對流，而鍍上的金屬反射層可以反射熱輻射。所以凡是倒入瓶裡的液體都能在相當長的一段時間內，保持它原有的溫度。

正在實驗室裡拿著杜瓦瓶的詹姆斯‧杜瓦

59 不小心發現的玩具

大受歡迎的「翻轉彈簧」

西元一九四三年，對美國的海軍工程師理查得·詹姆斯來說，是他命運的轉折年，他從未想過生活可以突然出現如此的驚喜。

那一天，他和同事克萊·沃森一起在造船廠做實驗，他們準備了幾個彈簧，想研究在海洋的巨浪中，彈簧能對精密儀器有著怎樣的抗震作用。

由於兩個大男人擠在一個狹小的地方，詹姆斯有點放不開手腳，他站起來，剛抬了一下胳膊，架子上的一個彈簧就被他碰倒在地上了。

詹姆斯剛想撿起彈簧，忽然，他的身體被「定」住了，目光也死死地盯在地上，一動也不動。

「嗨，夥伴，怎麼了？」沃森打趣地拍了一下詹姆斯的肩膀。

「你看！」詹姆斯指著地面，驚訝地說。

於是，沃森也俯下身子去看。

只見地上的那個彈簧正弓著身子，一步步地向前「走」去，彷彿它是個機器人似的。

「哈哈，真有趣！」沃森笑著說完，便又去忙了。

詹姆斯卻沒有動彈，他還在注視著「行走」的彈簧，越看越覺得有趣，就將它裝進口袋裡，帶回家給妻子貝蒂看。

貝蒂是個很有想法的女人，她說：「不如我們把彈簧做成玩具吧！肯

定有不少孩子會喜歡呢！」

笑意頓時洋溢在詹姆斯的臉上，他讚許地對貝蒂點頭道：「我也是這麼想的！」

夫妻倆一拍即合，開始討論如何製作這種玩具。

其實做法並不難，因為彈簧靠的是重力和慣性行動的，只要讓彈簧保持一定的張力，就能使它動起來。

詹姆斯和貝蒂忙碌了好幾天，終於做好了一個呈半圓形的彈簧，彈簧的兩端可以平放在地上，當把這種彈簧放在滑梯上時，它就能一扭一扭地向下走動，彷彿在走樓梯似的。

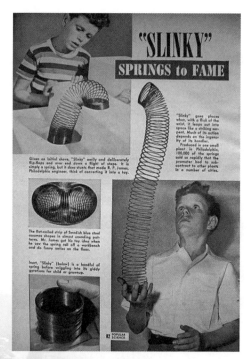

讓孩子著迷的「翻轉彈簧」

愛美的貝蒂還給彈簧塗上了粉紅色的油漆，於是它看起來像一個非常可愛的小玩具了。

「我去拿給鄰居家的小孩玩，看他們喜不喜歡。」貝蒂徵求著丈夫的意見，她其實心裡並沒有底。

「好啊，回來時告訴我這個東西有多受歡迎！」詹姆斯笑著說。

於是，貝蒂就去敲鄰居家的門。

當她把粉紅色彈簧的玩法展示個孩子們看時，孩子們接連地驚叫起來，他們饒有興趣地撥弄著彈簧，居然足足玩了一個鐘頭。

貝蒂這下雀躍萬分，她回來時一把抱住丈夫，大笑道：「我們要發財了！」

為了給這種彈簧玩具取個名字，貝蒂一頁一頁地翻字典，終於，她找到了一個代表性的詞——Slinky，於是讓全世界兒童著迷的玩具「翻轉彈簧」便誕生了。

西元一九四五年十一月，由詹姆斯夫婦發明的「翻轉彈簧」在費城的金貝爾斯百貨商店上架。

讓商家驚喜的是，四百個「翻轉彈簧」居然只用了一個半鐘頭就售罄了，為此詹姆斯夫婦不得不加大「翻轉彈簧」的生產量。

後來，夫妻二人成立了專門生產「翻轉彈簧」的公司，並進一步對這種玩具進行了改進，將其變為動物的模樣，如彈簧狗、彈簧毛毛蟲等。

直到今日，「翻轉彈簧」依舊盛行不衰，從它誕生之初到現在，它已在全球賣出了三億的數量，著實令人驚嘆。

翻轉彈簧的英文名字叫 Slinky，是一種螺旋彈簧玩具。

值得注意的是，Slinky 不僅僅只是遊戲室裡的一件小玩具：在美國，高中教師和大學教授曾用 Slinky 做教具講解波的特徵；在越戰中，Slinky 還曾是美國軍方用的可攜式天線；NASA 甚至把 Slinky 帶上了太空梭，用於零重力下的物理實驗。

Slinky 還入選了美國玩具工業協會 (Toy Industry Association) 評選的「世紀最佳玩具」名單 (Century of Toys List)。

電流居然可以起死回生

神奇的心律調節器

　　心臟是人類血液運輸的中轉站，如果它有了毛病，那可就不妙了，因為這時候，人的健康就會大打折扣。

　　由於心臟特別重要，而很多人又有心臟病，所以醫生們在很早以前就進行過對心臟的研究。

　　西元一八六七年，英國醫生在進行動物實驗時發現，用一個帶電的針去刺激動物驟停的心臟，可讓動物重新獲得心跳。

　　歐洲的記者們開始大肆報導這項驚人的發現，而醫生們也躍躍欲試，想在病人身上試驗電流的作用。

　　在一個深夜，一名四十六歲的女工被緊急送進了德國普魯士地區的一家醫院。

　　這名病人之前做過胸部腫瘤手術，由於左側胸前壁部分被切除，她的體形逐漸發生了改變，最後心臟外露，僅有一層薄薄的皮膚遮蓋在心臟的外面。

　　當病人被送過來的時候，她的心跳越來越微弱，主治醫生看後，一臉凝重地告訴病人家屬：病人可能撐不過今晚了！

　　家屬一聽都怔住了，這時病人的丈夫猛地跪在地上，抱住醫生的腿，嚎啕大哭道：「求求你！救救她吧！我不能沒有她！」

所有人見此情景都有點心酸，醫生想了想，嘆了口氣，對跪在地上的男人說：「我會盡力救她，但不能保證一定能成功。」

「可以的！謝謝你！」男人感激涕零地說。

這名醫生怎麼會突然想到了挽救垂死女工的方法呢？

原來，他是要賭一把，看看電流是否能使人的心跳恢復正常。

當晚，主治醫生面色凝重地穿好手術服，將病人抬進了手術室。

在明亮的燈光下，醫生看到女工的心臟正在胸腔那層薄如蟬翼的皮膚下沉重地跳動，他暗暗握了握拳，然後拿起兩根電針，開始對病人的心臟進行刺激實驗。

整個手術過程非常緊張，醫生怕病人受不了電流的刺激而當場死亡，而看著人心被電擊的狀態，又讓人大為不忍。

醫生每使用電針一次，都會問一下護士：「心跳如何？」

護士則如實相告：「沒有變化。」

但漸漸地，病人的心跳變快了，她胸腔中那顆原本像死魚一樣的心臟開始鮮活地跳動起來。

最終，那顆差點壞掉的心臟恢復了正常。

「成功了！」所有在場的醫生都激動不已。

這次手術被記入了醫學史冊，這是人類歷史上第一次進行的電擊心臟手術，因而具有劃時代的意義。

後來的醫生都從這次手術中獲得了極大的啟發，也更加認識到電流與心臟密不可分的關係。

到了二十世紀五〇年代，紐約州立大學的一個副教授威爾森‧格雷特

巴奇也展開了對心臟的研究工作。

那時已經出現了心律調節器，可是那種機器非常大，像一臺電視機一樣，病人要想治療心臟病就只能一次一次地住院，非常不方便。

威爾森·格雷特巴奇

格雷特巴奇教授於是就想製造一臺小型的心律調節器，這樣的話，如果情況緊急，醫生也可以拿著小一點的心律調節器去病人家裡，為治療爭取一些時間。

當他嘗試著將一塊電阻為一萬歐姆的電阻器放入心臟紀錄原型物上時，赫然發現電路產生了一個信號，這個信號跟人體的心跳非常相似。

「怎麼回事？昨天試驗時也沒出現這種情況啊？」格雷特巴奇驚奇地說。

他仔細檢查了一下設備，最後發現問題出在電阻器上。

原來，電阻器被他不小心換成了一個一兆歐姆的電阻器，於是便有了令人吃驚的效果。

格雷特巴奇教授頓時歡天喜地，他意識到心臟科學的發展又進了一步，一種能精確控制心跳的工具即將誕生。

隨後，教授發明了可植入人體的心律調節器，這項二十世紀的偉大發明挽救了無數人的生命，同時它還能治療很多心臟問題，是病人們的福音。

西元一九三二年，美國醫生海曼設計製作了一臺由發條驅動的電脈衝發生器。這個裝置淨重達七‧二公斤，脈衝頻率可調節為每分鐘三十次、六十次和一百二十次。海曼將之稱為人工心律調節器，這一術語一直沿用至今。

這臺發條式脈衝發生器成為人類第一臺人工心律調節器。最初它被保存在德國西門子公司，可惜在第二次世界大戰中被戰火毀滅。

61
關鍵時刻帶了一顆糖
微波爐的產生

做飯對主婦們而言是一件需要花費很多時間的事情，怎樣才能讓它變得簡單，是一個值得去深究的問題。

於是，只需要「叮」一下就能加熱食物的微波爐誕生了，它的出現省了很多時間，因此每個家庭幾乎都會將微波爐成為廚房裡的必備物品。

微波爐產生於二十世紀中期，它的出現要感謝美國工程師珀西・勒巴朗・史賓塞。

其實史賓塞在小時候並沒有接觸過高科技的東西，他在十八歲那年就加入了海軍，半年後因傷退役，來到美國潛水艇信號公司工作，這才有機會去瞭解各種電器。

他雖然啟蒙得晚，但人很聰明，又特別勤奮，因此掌握了不少技術。

一年後，年輕的史賓塞跳槽到以電子管製造業為主的雷聲公司，並榮升為部門負責人，此後他進行了大量的發明，成果之豐富，連資深科學家也對他刮目相看。

有一天，史賓塞去公司上班，在過馬路的時候，他看到一個孩子摔倒了，就幫忙過去攙扶。

小孩子被史賓塞扶起後，很懂事地從口袋裡掏出一顆水果硬糖，奶聲奶氣地說道：「叔叔，謝謝你！」

史賓塞沒有推辭，微笑著接過了孩子的糖，並將糖塞進了褲袋裡。

到公司後，他便直奔工作崗位。

這時候，他從一臺微波發射器前走過，同時感覺出身體有點發熱，但他沒有留意，而是走到同事身邊，和他們攀談了起來。

不久後，史賓塞將雙手插進褲袋裡，他摸到了一個黏糊糊的物體。

「哦！這是什麼？」他叫起來，把那東西掏出來一看，原來是一顆熔化了的糖。

他這才想起上班前的一幕，不免覺得有些好笑。

不過，這種硬糖是不會輕易熔化的，怎麼會變成這個樣子呢？

史賓塞突然想起經過微波發射器時的情景，那種身體微微發熱的感覺讓他記憶猶新，或許，答案就在微波上。

他再度來到微波發射器前，發覺每當他面對著發射器的喇叭時，手心都會出汗，而臉頰也微微地發燙。

下一次，史賓塞乾脆帶了一袋玉米粒來，他把一些玉米粒放在微波發射器的喇叭口，然後目不轉睛地觀察著。

不一會兒，玉米粒逐漸膨脹起來，並發出了「砰砰」聲，最後變成了爆米花，就跟被火烤了一樣！

史賓塞這才相信微波真的有加熱功能，他興奮地將自己的發現告訴了公司，並請求公司資助自己製造微波爐。

雷聲公司同意了史賓塞的請求。

西元一九四七年，第一臺家用微波爐問世，史賓塞還做了一個薑餅實驗，他將切成薄片的薑餅放在微波爐內烹飪，結果一分鐘後，香噴噴的味

道充滿了整個房間，這證明微波爐是完全適合主婦們使用的！

　　後來，發明家喬治‧福斯特也加入到微波爐的製造中，他與史賓塞合作設計了更加耐用且價格便宜的微波爐，對微波爐的推廣發揮了不可磨滅的作用。

【Tips】

　　微波爐的加熱原理：利用其內部的磁控管，將電能轉變成微波，以每秒兩百四十五 0MHZ 的振盪頻率穿透食物，當微波被食物吸收時，食物內之極性分子（如水、脂肪、蛋白質、糖等）即被吸引以每秒鐘二十四億五千萬次的速度快速振盪，使得分子間互相碰撞而產生大量的摩擦熱，微波爐即是利用此種由食物分子本身產生的摩擦熱，裡外同時快速加熱食物的。

62
總令人失望的「塑膠」
被埋沒的強力膠

很多人都知道，強力膠是非常實用的一種膠水，用它來黏東西，基本上不會掉落。

可是發明它的人當初卻嫌它黏性太強，這是怎麼回事呢？

原來，在西元一九四二年，曾經享譽全球的柯達公司裡，有一位名叫哈里‧庫弗的博士想發明一種可以貼在武器瞄準鏡上的透明塑膠紙，以便讓鏡頭更加清晰。

柯達公司是以生產照相機等光學器材為主的大企業，庫弗博士的想法不僅可以幫助戰場上的士兵，對公司的發展也是一大提升。

於是，公司很快批准了庫弗的專案請求，並撥給他一大筆資金，幫助他完成發明。

庫弗是個要求極高的人，他經過日夜鑽研，終於製出了一種叫氰基丙烯酸酯的材料。接著，他將這種化學塑膠剝離成一層薄如蟬翼的薄膜，貼在鏡頭上，發現確實能使鏡頭的精度提高不少。

庫弗稍感欣慰，他還想繼續改進這種塑膠，誰知沒過多久，他就鬱悶起來。

因為此時他才察覺出氰基丙烯酸酯的黏性實在太強了，先前貼在鏡頭上的薄膜根本取不下來，結果做實驗用的那些昂貴的光學鏡頭就被浪費

了。

庫弗非常惱火，在嘗試了各種辦法後，他決定棄用氰基丙烯酸酯。

他將裝有這種塑膠的容器統統扔到了垃圾箱裡，並發誓再也不想看到這種化學製劑了。

一晃三年過去了，裝有氰基丙烯酸酯的垃圾箱一直在柯達公司的實驗室外靜靜立著，它不會告訴世人，它裡面裝著一個天大的發明，而前來傾倒垃圾的工人也從未留意過垃圾箱的底部，即使他們發現有「髒東西」一直都沒能取下來。

西元一九四五年，美國向日本投了兩顆原子彈，造成巨大的傷亡。

這時，庫弗才悲哀地感覺到，他原先的設想是沒有必要的。

的確，再怎麼提高武器的精度，也比不過原子彈的一次攻擊。核能武器的威力如此之大，根本不需要瞄準。

廣島核爆炸產生的蕈狀雲

公司也意識到這點，收回了庫弗的專案資金，這讓庫弗既無奈又沮喪。

一天，庫弗發現自己鑰匙弄丟了，他在四處尋找無果的情況下，擔心鑰匙被扔進了垃圾箱，就在垃圾箱裡找起來。

但是，他沒有找到鑰匙，卻意外地發現那些裝有氰基丙烯酸酯的容器依舊牢牢地黏在箱底。

「這是上天故意要來嘲笑我的嗎？」他勃然大怒，伸手就去拔容器。

誰知他使出了吃奶的力氣，容器卻紋絲不動，庫弗不信邪，又請來一個強壯的同事幫忙，結果仍以失敗告終。

「怎麼黏性這麼強？都三年了！難道它從未脫落過？」庫弗在心中起了疑問。

既然如此，那它的功能豈不是異常強大？

庫弗心頭的陰霾終於消散了，他大笑不止，覺得老天待自己並不薄，這麼好的東西，居然讓他失而復得了！

於是，庫弗興沖沖地找到老闆，請求生產氰基丙烯酸酯。

他親自演示了氰基丙烯酸酯的神奇功能，最終把老闆說得動了心，在不久後，以氰基丙烯酸酯為原料的一款膠水──「伊斯曼九一〇」就誕生了。

有了產品，該怎麼去推廣呢？

公司的市場部想出了一個鬼點子，他們將一輛轎車用吊車高高吊起，放置在馬路上，同時告訴人們，轎車之所以不會掉下來，是用了「伊斯曼九一〇」的結果。

人們頓時目瞪口呆，大呼「瘋狂」，柯達公司趁機打出口號：「記住，在它完全在管子上凝固前，你只能用一次！」

在強大的宣傳之下，「伊斯曼九一〇」一路暢銷，而它也催生了強力膠市場，讓這種擁有強大黏性的膠水越來越多地為人們所用。

　　氰基丙烯酸酯是屬於丙烯醛基的樹脂，當把強力膠塗在物件表面時，溶劑會蒸發，而物件表面或來自空氣中的水分（更準確是水分所形成之氫氧離子）會使單體迅速地進行陰離子聚合反應形成長而強的鏈子，把兩塊表面黏在一起。由於其聚合過程是放熱反應，所以可以發現其溫度會輕微上升。由於溶劑（丙酮）在其中蒸發，所以使用強力膠會嗅到一些難耐的異味。

63

碰翻瓶子後的喜劇效果
化學家與安全玻璃

玻璃是易碎品，需要小心安放，可是在警匪片中，我們卻經常看到歹徒去銀行搶劫，卻砸不壞銀行櫃檯的玻璃，這是怎麼回事呢？

原來，櫃檯上的玻璃可非等閒之輩，它們叫做安全玻璃。

顧名思義，安全玻璃就是很安全的意思，曾經有一位總統坐車回家，途中遭遇歹徒的伏擊，就算他的轎車被子彈打得稀巴爛，車玻璃卻一點都沒碎，因而保住了總統的性命。

為何容易破碎的玻璃會大顯神威？這都要歸功於發明它的第一人——法國化學家貝奈第特斯。

在西元一九〇七年的一天，貝奈第特斯像往常一樣在實驗室裡努力工作，他將幾種溶液混合在一起，想看一看最終的反應結果。

由於這個實驗非常複雜，需要用很多容器，貝奈第特斯就拿了很多瓶瓶罐罐堆在實驗臺上，以備不時之需。

突然，燒瓶中的混合液迸出明亮的火花，並產生了小型的爆炸，貝奈第特斯被嚇了一跳，他驚叫一聲，右手不由自主地往旁邊一掃。

頓時，各種玻璃容器「哐噹哐噹」地滾落下來，倒了一地，實驗臺上一片狼藉。

貝奈第特斯大呼頭痛，因為有些掉落的容器裡面還裝有化學品，這意

味著他先前的工作都要推倒重來。

由於怕化學溶液腐蝕地板和實驗臺，他趕緊戴上手套，撿拾那些被他搞砸的容器。

大多數玻璃試管和燒杯都碎掉了，被貝奈第特斯送進了垃圾桶，不過有一個玻璃瓶沒有破掉，被貝奈第特斯隨手放到了一邊。

當貝奈第特斯清理完地上的溶液和玻璃碎渣時，他累得氣喘吁吁，這時，他忽然想到還有一個沒被打破的容器需要清洗，不由得疑惑道：為什麼從那麼高的實驗臺上摔下來，這個瓶子卻沒有破呢？

帶著疑問，他仔細檢查了玻璃瓶，發現瓶身上只有一些細小的裂紋，除此以外，再也無其他傷痕。

奇怪的是，製作瓶子的玻璃並不厚，和其他玻璃容器的材質差不多，也就是說，它原本也該變成一堆碎片的。

「太不可思議了！肯定是瓶子裡溶液的問題！」貝奈第特斯嘟囔著，仔細觀察著瓶子裡的殘液。

原來，這個玻璃瓶裡裝的是硝化纖維溶液。

貝奈第特斯又在一個玻璃瓶中裝上硝化纖維溶液，過了一會兒再將溶液倒出，發現瓶子的內壁上有一層透明的薄膜，而正是這個薄膜，把瓶子牢牢地黏在了一起。

「看來玻璃易碎的歷史要改寫了！」貝奈第特斯興奮地搓著手。

他決定造一種打不碎的玻璃出來。

不過，光是用一層薄膜黏貼玻璃，玻璃的硬度還是不能增加多少，貝奈第特斯想試試有沒有比硝化纖維更適合抗摔的材料，但他找了很久，並

沒有發現更好的替代物。

有一天，他忽然想到，既然一塊玻璃硬度不夠，兩塊玻璃不就堅固多了嗎？

於是他就在兩塊玻璃的中間塗抹上一層硝化纖維溶液，終於做出了世界上的第一塊安全玻璃。

如今，安全玻璃發揮了巨大的作用，它不僅能抵抗人力的捶打，還能抵禦地震等自然災害所帶來的巨大傷害，而這一切，都要多虧了貝奈第特斯在實驗室的那一次意外！

【Tips】

你知道嗎？安全玻璃最初竟然是被用於第一次世界大戰時所生產的防毒面具上的。直到夾層材料改良為聚乙烯醇縮丁醛（PVB）後，安全玻璃才在汽車上大行其道，更成為政府強制的安全標準配置。

64

被毒果麻倒的名醫

第一個發明麻醉劑的華佗

　　醫學上用的麻醉劑是很多手術病人的福音，少了它，不知有多少人要忍受疼痛的折磨。

　　雖說在近代中國，麻醉劑是由外國人引進的，但在世界醫學史上，有一個中國人卻是大家公認的發明麻醉劑的鼻祖，他就是三國時期的名醫華佗。

　　華佗所生活的年代，各諸侯國之間戰爭不斷，人們飽受折磨，身體大多很羸弱。

華佗

　　華佗抱著懸壺濟世的決心為百姓看病，遇上沒錢的病人，他還免費幫人醫治，因此成為了大家心目中的「神醫」。

　　在華佗醫治的病人中，很多是從戰場上搶救下來的戰士，他們都傷得很重，需要進行截肢、剖腹等大手術。

　　可是當時並沒有一種能幫助病人忍受疼痛的藥物啊！

　　結果，華佗只能眼睜睜地看著病人承受巨大的痛苦，他的心中充滿了愧疚和無奈。

　　怎樣才能讓病人輕鬆地度過手術呢？華佗真是一籌莫展。

　　有一次，他給一個腸道壞死的病人開刀，由於擔心病人太痛苦，華佗不敢輕舉妄動，所以手術進行得非常緩慢，一直持續了三個時辰才完成。

最終，病人撿回一條性命，卻把華佗給累壞了，他回到家中，一屁股坐在椅子上，讓妻子做飯給自己吃。

華佗的妻子炒了幾盤菜，又沽了一壺酒，讓餓了一天的丈夫享用。

華佗真的是太累了，他自斟自飲，居然把一斤酒全部喝完了，結果喝了個酩酊大醉，倒在桌上不省人事。任憑老婆怎麼拍打華佗，華佗都沒有醒，老婆只得無奈地搖搖頭，將鼾聲連天的丈夫扶到床上休息。

大約兩個時辰後，華佗終於醒了，他見自己躺在床上，頓時非常驚奇，這時，老婆把他酒醉後的一切經過講了一遍。

華佗恍然大悟，他覺得自己找到了讓手術病人失去知覺的辦法了，不由得大感快慰。

後來，他在手術過程中給病人灌酒，若逢上時間不長的手術，他這招確實管用，但在做一些大手術時，由於時間太長，酒還是解決不了問題。

苦惱的華佗只好繼續尋求麻醉方法。

一次，他被人叫到鄉下行醫，發現患者是個口吐白沫、雙目緊閉的中年男子。

奇怪的是，這個病人的脈搏、體溫都正常，呼吸也很平穩，不像重病纏身的樣子，華佗便問病人家屬：「他以前生過什麼病？」

家屬搖搖頭，說：「他身體很健康，只是今天不小心吃了幾朵臭麻子花，結果就變成現在這番模樣。」

華佗聽後便研究了一下臭麻子花，也就是洋金花，為了親身感受一下此花的毒性，他就效仿神農氏嚐百草的故事，將花放到嘴裡嚼了下去。

這一下不得了，連華佗自己也暈了過去。

病人的家屬見醫生也癱倒在地，更加慌亂，大聲呼喊華佗，見對方沒有回應後，就使出了渾身解數，用針刺、水淋、火烤等方法來弄醒華佗。可惜任何方法都不管用，華佗睡了大半天，才悠悠地醒過來。

「醫生，你嚇死我們了！我們還以為你死了！」病人的家屬衝上前去，握著華佗的手說。

華佗這才明白是臭麻子花讓自己昏睡不醒，這時他還發現那名誤吞臭麻子花的病人已經醒過來了，正滿臉堆笑地站在一旁。

當得知臭麻子花能麻醉人後，華佗背了一麻袋這種藥草回家，然後開始製造一種能使人昏睡不醒的藥劑。

最終，他發明了「麻沸散」，這就是人類歷史上的第一款麻醉劑。

華佗用麻沸散給不少人動了手術，從此，病人的痛苦明顯減輕，華佗的醫術也更加為人稱道。可惜的是，後來華佗被曹操殺害，麻沸散也就失傳了，讓古今中外無數醫學家為之扼腕嘆息。

【Tips】

歐洲人在古代乃至中世紀治療疾病需要動手術的時候，往往運用放血療法。實在需要動手術時，只有動作迅速來減輕痛苦。直到西元一八四四年，美國人柯爾頓才使用笑氣（一氧化二氮）做麻醉藥，但效果不理想。西元一八四八年美國人莫爾頓使用乙醚做麻醉藥，得到廣泛應用。

65

差點讓公司破產的「清潔劑」

黏土

大家小時候可能都玩過黏土，因此也都知道這個東西能被隨意捏成各種形狀，是一種非常有趣的玩具。

當然，電影藝術家會將黏土拍成動畫片，這是黏土的又一大用途。

除此之外，便再無其他功用了，這是否可以說明：當初造黏土的人，是一個極其熱愛孩子、專注於孩子智力發育的教育家呢？

事實卻並非如此。

黏土產生於二十世紀四〇年代的美國，當時的人們正忙於應對激烈緊張的戰爭，哪有心思去考慮到孩子們的教育問題呢？

實際情況是這樣的：當時的飛機、戰車被大量應用到戰場上，導致輪胎的主要原料——橡膠的需求量大幅度上升，各國都在爭奪橡膠資源，這勢必造成橡膠的供不應求。

美國也對橡膠資源虎視眈眈，可是在戰爭年代，如何讓橡膠穿越火線，安全抵達輸入國內也是個問題，因此有人便想了一個辦法，那就是人工合成橡膠。

此人是通用電氣公司的工程師，名叫詹姆斯・懷特，他向公司提議全力製造人工橡膠，以便成為美國的軍火商之一。

考慮到政府資金充足，且出手大方，通用公司思慮再三後，表示將無

條件支持懷特的發明。

於是，懷特就和他的同事們展開了對合成橡膠的研究。

懷特發現矽油的耐熱性、絕緣性、疏水性、抗壓性、耐磨性都和橡膠差不多，且這種物質也不容易發生化學反應，應該是製造人工橡膠的絕佳物質。

同事們都很贊同懷特的觀點，大家針對矽油進行了數次改造，不過遺憾的是，他們造不出類似橡膠一樣堅硬的物質。

懷特沒有放棄，決定在矽油中添加其他物品進行嘗試。

當他使用到硼酸時，一種奇特的物質產生了。

該合成物既柔軟又有彈性，還能被輕易塑造成各種模樣，而且黏性非常大，甚至可以被用作清潔雙手的物品。

「這玩意兒好是好，可是我們要的是橡膠啊！」懷特遺憾地說。

他們繼續實驗，然而花了幾年的時間，他們始終沒有發明出可與橡膠相媲美的東西。

通用公司這下著急了。

為了合成橡膠，公司投入了大量的人力和資金，已經賠了很多錢，如果再不拿出盈利的商品，只怕要面臨破產危機。

懷特也很著急，這時他想到了自己曾經發明過的那種黏性極強的「清潔用品」，就對公司提議生產這種清潔劑。

通用公司此時已經有點病急亂投醫了，立刻聽從了懷特的建議，讓「清潔劑」面向市場。

一開始，市民們對這種清潔劑感到好奇，就買回家嘗試使用。

可是很快人們發現，這種清潔劑的清潔功能並不強，卻反而容易黏在手上，要命的是，它還有股怪味道，聞起來讓人感覺不舒服。

於是，人們逐漸冷落了此種清潔劑。

然而，讓通用公司寬慰的是，很多孩子居然背著書包來買清潔劑。

原來，這些孩子玩父母買回來的清潔劑，覺得非常好玩，就萌生出要買更多的願望。

到了那年耶誕節，孩子們還用它來裝飾聖誕樹，讓清潔劑的銷量比平常翻了一倍。

通用公司在調查過後，迅速改變策略，將清潔劑改名為「黏土」，只做成針對孩子的玩具。

後來，公司又在黏土中添加了芳香劑和增色劑，於是黏土變得香噴噴的，而且擁有了很多顏色，越發受到了孩子們的歡迎。

【Tips】

保存黏土時最好拿保鮮袋裝著放進冰箱。如此一兩個星期不成問題。這麼長時間後基本上也玩髒了，可以扔掉了。做好了的漂亮模型不捨得摧毀的最好也這樣保存，否則放在外面久了容易風乾。

66

蛋糕烤盤的變廢為寶

運動用的飛盤

飛盤是一項非常簡單的運動，只需要一個碟狀圓盤，一群人就能聚在一起玩得不亦樂乎。

這種運動到底是誰想出來的呢？

其實，最初飛盤並非用於娛樂，而且它也不是現在的模樣，它的雛形，竟然是一個蛋糕烤盤。

在十九世紀，有一位名叫威廉·亞瑟·福瑞斯比的美國麵包師，他辛辛苦苦打工賺錢，在賺得一筆資金後，就開了一家餡餅店，還用自己的名字為店命名。

由於福瑞斯比手藝精湛，他的餡餅特別受人歡迎，這種餡餅裝在一個錫製的薄盒子裡，這樣即便過了一段時間取出來，還能冒著熱氣呢！

福瑞斯比餡餅店就在耶魯大學附近，所以學生是店裡的主要客戶，不過他們不太愛清潔，宿舍裡總是堆滿了餡餅盒。

學生們愛開玩笑，有時候他們會向舍友扔餡餅盒，時間一長，他們竟然發現了其中的樂趣，開始相互拋擲盒子。

大家逐漸掌握了投擲的技巧，懂得將盒子平行放置，然後讓其在空中旋轉，便能讓它平穩地飛向要接住盒子的人。

不過，盒子是用錫製成的，容易傷到別人，所以投擲的人往往會先大

喊一聲「福瑞斯比」，然後再將盒子拋向空中，因此人們就稱這項運動為「福瑞斯比」了。

後來，這項運動從耶魯大學傳到了新英格蘭地區的各大學校，學生們都喜歡在飯後拉幫結派扔一下盤子，而後周邊的居民也學會了投擲，一時間，空中的盤子此起彼伏。

當時的人們在投擲「福瑞斯比」時是就地取材，一切可以被扔向高空的薄物都是他們的玩具。

到了西元一九三七年，美國猶他州的青年華特‧莫里森有一次與女友去海灘度假，他們在吃完一塊蛋糕後，發現蛋糕底部的圓形烤盤是錫製的薄片，於是莫里森笑著建議：「我們來扔福瑞斯比吧！」

女友欣然同意，兩人玩得興高采烈。

此時，有一個孩子看到他們兩人的烤盤，羨慕不已，頓時大哭起來，要自己的父親也給他弄一個盤子過來。

做父親的沒有辦法，只好走到莫里森身邊，懇求道：「你好！我的兒子想玩你們的盤子，我願出兩美元購買，請問可以嗎？」

莫里森和女友停止了嬉戲，他們交談了幾句，將盤子遞給了出錢的男人。

這時，莫里森察覺出福瑞斯比的受歡迎程度，他決定改進這種玩具，使其成為市面上暢銷的產品。

於是，他模仿蛋糕烤盤的形狀造了一個圓形的金屬盤，但無論他把盤子造得多薄，這種盤子在飛行的時候還是容易砸傷別人。

「不行，不能讓人戴著頭盔，穿著盔甲來玩投擲遊戲，這樣顧客肯定

會很少的！」莫里森心想。

八年後，他以塑膠為材料，製出了一個圓形的塑膠盤子，這就是世界上第一個飛盤。

莫里森將其命名為「飛行淺碟」，人們乾脆就稱其為飛盤。

製造商很快聽說了飛盤的大名，他們千方百計找到莫里森，並說服對方將製造權轉讓給了自己。

在西元一九五八年，福瑞斯比餡餅店停業一週年之際，美國加州的Wham-O公司成立，在接下來的幾個月內，新型「福瑞斯比」飛盤及各種投擲技巧也被開發出來，激起了全美國的興趣。

又過了九年，國際飛盤協會在洛杉磯成立，飛盤正式成為了人類的活動項目之一。

【Tips】

西元一九六四年，艾德・黑德里克開發出第一個職業運動級的新飛盤，並由Wham-O公司製造銷售。西元一九六七年，黑德里克在洛杉磯成立了國際飛盤協會，隨後又主導確立許多飛盤運動項目的規則，因而被譽為「飛盤運動之父」。

IFA 國際飛盤協會

⑥⑦ 浪費糧食後得到驚人美食
杜康與酒

　　浪費糧食是一種不好的行為，中國古詩句就有云：誰知盤中飧，粒粒皆辛苦。而在任何國家，對糧食的不珍惜都是會遭人鄙視的行為。

　　在四千年前，有一個叫杜康的王子身負家仇國恨，率領前朝臣民隱居在一片山谷中，他們的仇家此時已經登上了國王的寶座，並拿出重金，四處懸賞捉拿杜康。

　　杜康的父親，也就是前朝國王，因被現任國王奪位而被迫自殺，所以杜康從未忘記這個血海深仇，他暗下決心：一定要養精蓄銳，伺機東山再起！

　　杜康招募了一支軍隊，因而需要很多糧草。

　　為了儲存食物，他把每一年收穫的糧食都藏在了附近的山洞中。

　　然而，他並不知道，山洞的岩縫中經常會滲水，於是時間一久，那些糧食都發了霉，再也不能吃了。

　　一開始杜康並不知情，有一年發生了旱災，百姓們的收成銳減，大家想借存糧來果腹時才得知了這一情況。

　　看著百姓們一個個面黃肌瘦的樣子，杜康很自責，他覺得自己犯下了極大的過錯，應該盡力去彌補才行。

　　第二年，上天終於厚待了杜康的族人，給了百姓們充足的糧食。

杜康很高興，這下大家終於不必擔心挨餓了！

但他隨即又擔憂起來：這麼多糧食，該往哪裡放呢？

他開始在山上四處尋找，希望找到一處合適的存糧地點。

這天，他走到山腰的一塊空地上，發現一片桑樹林，其中有幾棵桑樹已經枯死，卻仍舊僵硬地挺立在大地上。

杜康敲了敲死樹的樹幹，立刻聽到裡面傳來空洞的聲音，他心頭一喜，將一塊樹皮挖開一看，樹幹果然空空如也，且十分乾燥，一定是儲存物品的絕佳地點。

杜康欣喜若狂，他趕緊讓人將糧食抬進桑樹林，然後把枯樹掏空，將糧食填進樹幹中。

「看到了沒有，這些樹洞非常乾燥，糧食是不會壞掉的！」杜康笑容滿面地說。

大家紛紛點頭，也覺得這個主意不錯。

也許上天不想再讓杜康內疚，此後的幾年裡，一直風調雨順，糧食多得連樹洞也塞不下了，百姓們只好在自己家裡建了糧倉，把糧食存放起來。

時間一長，誰還記得那些在樹洞的糧食？

唯獨杜康沒有忘，他覺得人算不如天算，萬一哪天又有天災，那些糧食可以備不時之需。

這年夏天，杜康想去山上走走，看看樹洞裡的糧食是否還安好。

他走到山腰上，驚訝地發現枯樹旁邊聚集了很多動物。

杜康數了一下，樹洞旁邊至少有四隻兔子和三隻山羊，另外地上還有

一隻野豬。

他以為野豬是撞樹而死，不由激動得心臟「怦怦」直跳。

這些年來，百姓們多以素食維生，吃野味的機會很少，如今正好可以改善伙食啦！

他剛想走近野豬，不料野豬卻站了起來，杜康見勢不妙，趕緊藏在一棵大樹的後面。

野豬用力晃著腦袋，彷彿還沒清醒似的，過了很久，牠才甩開四肢，飛快地離去了。

待野豬消失，其他動物才敢再次出現，那些羊和兔子又跑到樹洞旁邊，對著樹皮舔起來。

杜康很好奇：樹皮有什麼好舔的？

突然，他猛地擔心起來：會不會是樹皮破了，動物們在吃糧食？

這下，他再也待不住了，從樹後飛快地閃出，想要趕走那些動物。

山羊和兔子被杜康這麼一嚇，轉身想要逃走。

不料，這幾隻動物剛走了沒幾步，身體就搖搖晃晃起來，不一會兒，牠們就倒在了地上，像死了一般。

杜康有點莫名其妙：自己的聲音威力有這麼大嗎？可以嚇死動物？

他走近一看，發現那些動物還有呼吸，並沒有死，只是睡著了。

也許是樹皮的原因！

杜康走到樹洞前，立刻聞到一股濃烈的香味，並且看到一股透明的液體正在從樹洞中溢出。香味正是從液體中散發出來的。

杜康覺得事有蹊蹺，為了搞清楚緣由，他也舔了舔液體。

瞬間，一股香味滿口滿鼻地溢開了，讓杜康大呼「好吃」，他接連飲用了很多液體，結果腦袋開始昏沉起來，最後他竟然也倒在地上，不省人事。

　　百姓們發現杜康不見了，就到處找他，終於在枯樹旁邊發現了暈倒的杜康。

　　大家以為杜康沒命了，都大哭起來。

　　正當人們想要為杜康準備後事時，杜康忽然睜開了眼睛，把所有人都嚇了一跳。

　　聰明的杜康很快明白了事情的前後經過，他哈哈大笑：「快把樹洞裡的糧食搬回去，我要給你們做一種神奇的水！」

　　人們聽罷都歡呼起來，將樹洞裡的存糧搬運一空。

　　後來，杜康就給大家做了一種液體，把所有人都灌醉了，他將自己的發明稱為「酒」。

　　這就是酒的由來。

關於酒的發明，在中國古代主要有以下幾種傳說：

一、夏禹時期的儀狄發明了釀酒。《呂氏春秋》記載：「儀狄作酒」。漢朝劉向編輯的《戰國策》則進一步說明：「昔者，帝女令儀狄作酒而美，進之禹，禹飲而甘之，曰：『後世必有飲酒而之國者。』遂疏儀狄而絕旨酒（禹乃夏朝帝王）。」

二、釀酒始於杜康。東漢《說文解字》中解釋「酒」字的條目中有：「杜康作秫酒。」《世本》也有同樣的說法。

三、在黃帝時代人們就已開始釀酒。漢朝成書的《黃帝內經‧素問》中記載了黃帝與歧伯討論釀酒的情景，《黃帝內經》中還提到一種古老的酒──醴酪，即用動物的乳汁釀成的甜酒。

四、酒與天地同時。帶有神話色彩的說法是「天有酒星，酒之作也，其與天地並矣」。

胡亂調配出的美味「藥水」
可樂的意外發明

　　如果說現今最風靡的飲料是可口可樂，大概沒有人會表示反對。做為碳酸飲料的鼻祖之一，可樂不僅成了避暑佳品，還讓人們一年四季都在飲用它，大有要從零食變成必需品之勢。

　　這種流行於全世界的飲料是誰發明出來的呢？為了製造它，那個人一定花費了不少精力吧！

　　其實並非如此，可樂之所以能出現，完全是因為一個錯誤。

　　在十九世紀末，一個炎熱的午後，美國亞特蘭大市的一位名叫約翰·斯蒂斯·彭伯頓的藥劑師正想休息時，一個十來歲的男孩子碰巧來到他店裡。

　　「哦！真是的，為什麼不早一點來！」彭伯頓嘟囔著。

　　他沒好氣地問：「孩子，你要買什麼？」

　　「先生，你這裡有沒有治頭痛的藥水？」孩子怯生生地說。

　　「廢話！」彭伯頓嚷道，「我開藥店，怎麼會連治頭痛的藥水都沒有？」

　　孩子的臉紅了，他小聲地說：「我爸讓我買一瓶古柯柯拉。」

　　「嗯，你等著。」彭伯頓半閉著眼睛說。

　　他想盡快把藥水給孩子，然後痛痛快快地睡一覺，誰知他找了半天，

發現居然沒有古柯柯拉。

「糟了！一定是賣完了！」彭伯頓嘀咕著，拍了拍自己的腦袋。

怎麼辦呢？鎮上只有自己這一家藥店，如果連治頭痛的藥水都沒有，說出去豈不是要遭人笑話？

彭伯頓苦惱不已，他趕緊搜尋著四周，想找一種能代替古柯柯拉的藥物。當他巡視櫃檯的時候，目光忽然被一瓶剛開封的古柯酒吸引住了。

是的，他平時就用古柯酒治頭痛，儘管含有酒精，但應該也不會出錯吧？彭伯頓又安慰自己：反正是賣給成年人的，肯定不會有什麼問題！

於是，他就自創了一種藥水——將古柯酒與蘇打水和糖漿混合，然後攪拌均勻，轉眼間，一款深褐色的「鎮痛藥水」新鮮出爐！

「孩子，這給你！以後中午的時候別再來打擾我休息！」彭伯頓說著，將藥水遞給小男孩。

孩子給了錢，拿著藥水走了。

彭伯頓疲憊地往椅子上一躺，很快就進入了夢想。

誰知半個小時還沒到，剛才那個小男孩居然又回來了，再次吵醒了彭伯頓。

「不是叫你中午別再過來嗎？」彭伯頓揉著惺忪睡眼，滿心不愉快。孩子似乎很難為情，他把零錢都攤在櫃檯上，請求道：「老闆，我還想再買一瓶古柯柯拉！」

彭伯頓驚奇地瞪大眼睛，疑惑道：「你爸爸還想再喝一瓶？」

「不不！」小男孩連忙擺手，他面紅耳赤地說，「我爸說太好喝了，我也想嚐嚐。」

彭伯頓聽到這番話，非常訝異，他剛想說小孩子不能飲酒，但轉念一想：這樣豈不是把我用酒配置藥水的事情說出去了嗎？

他只好再度配製了一瓶「鎮痛藥水」，這一次，他自己也嚐了一下，果真覺得非常可口。

他把藥水給了孩子，小孩歡天喜地地走了。

而後，彭伯頓陷入深思，他決定將自己偶然配製的藥水在店裡出售，他覺得肯定能大賺一筆。

這一年正好亞特蘭大頒布禁酒令，彭伯頓只好去尋找能代替酒精的東西放入藥水中。

後來他終於成功了，並將這種好喝的藥水命名為「可口可樂」。

西元一八八六年，可口可樂在美國開始銷售，如今已經成為全球最佳的暢銷飲料。

【Tips】

西元一八八七年，彭伯頓在美國專利局註冊了可口可樂「糖漿及濃縮液」商標，取得其知識財產權。同年，在一次幸運的意外中，有人把糖漿與蘇打水混合起來，結果奇蹟出現了，糖漿變身為一款可口的碳酸飲料，於是家喻戶曉的可口可樂誕生了。

一張西元一八九○年代廣告海報，一位穿著華美的女子在飲用可樂。廣告語為「花五美分喝可口可樂」，作品中的模特兒為希爾達・克拉克。

69

沒錢買新衣服的另一種好處

橡膠工人的雨衣

橡膠樹產於美洲，其樹膠具有黏性，可被製成很多物品。

印度安人很早就發現了樹膠這種物質，但他們只會把它放到嘴裡去嚼，後來哥倫布發現了美洲，他對這種黏糊糊的東西很感興趣，就將一個黑黑的橡膠球帶到了歐洲。

從此，橡膠的用途才得以被發現，人們對其鍾愛有加，將其製成各種生活用品。

後來，專門生產橡膠用品的工廠也多起來。

人們應該感謝橡膠這種東西，它創造了多少就業機會啊！

只是，更大的機會擺在英國的橡膠工人麥金杜斯面前，他卻沒有珍惜，直到失去了才後悔莫及。

有一天傍晚，正當麥金杜斯要下班之際，天空忽然烏雲遍布，不到一刻鐘的時間便下起了狂風暴雨。

「鬼天氣，看來要冒雨回家了！」同事對麥金杜斯抱怨道。

麥金杜斯看看天，擔憂地說：「還是等一等吧，這雨實在太大了！」

麥金杜斯猜想著大雨會持續很長一段時間，於是就繼續工作著。

這時候，下班的鈴聲響了，工人們吵吵嚷嚷地起身，準備回家，有些人運氣好，帶了雨傘，便高高興興地回家；沒帶傘的大多數人則擠在門口，

猶豫著要不要冒雨回家。

　　麥金杜斯被喧鬧聲所影響，儘管他想多做點工作，但也變得有點心不在焉起來。

　　正當他再度觀察天空時，一滴橡膠溶液滴落下來，剛巧滴在了麥金杜斯的新大衣上。

　　「該死！」他暗罵一聲，便拿著抹布去擦拭溶液。

　　可惜溶液很快在衣服上凝固，而且牢牢地黏在上面，就像漿糊一樣難看。

　　麥金杜斯非常心疼，這件衣服他剛穿了兩三次，還準備穿著它出席朋友的婚禮呢！

　　由於自己是個窮人，麥金杜斯捨不得把衣服扔掉，況且這件衣服雖然被橡膠弄髒了，卻沒有損壞，而他別的外套都有洞呢！

　　後來雨小了一點，麥金杜斯就穿著這件大衣回家了。

　　到家後，他已經被淋成了落湯雞，但奇怪的是，就算他的大衣像跟泡在水裡的一樣，被橡膠溶液浸過的地方卻是乾的。

　　「怎麼回事呀？」麥金杜斯自言自語道。

　　他想：反正大衣也濕透了，我乾脆做個實驗吧！

　　於是，他將大衣整個浸在水盆中，然後再撈出，看見水流如同瀑布一般，從大衣上「嘩啦啦」地垂掛下來。

　　麥金杜斯摸著大衣上凝固著橡膠的地方，覺得此處並沒有被水浸濕，不禁嘖嘖稱奇。

　　過了幾天，他的大衣完全乾了，他再度穿著這件衣服去了工廠。

這一次，麥金杜斯的心中有了一個奇特的想法：他要將大衣塗遍橡膠溶液，讓它真正變成一件不怕雨水的衣服。

　　經過他的改良，世界上的第一件雨衣便誕生了，以後麥金杜斯再也不怕下雨的天氣，他穿著大衣風裡來雨裡去，卻毫不擔心自己會被雨水淋濕。

　　工廠裡的工人們在得知麥金杜斯的做法後，都誇讚他頭腦靈活，於是大家都學他自製起了雨衣。

　　最終，此事被一個叫帕克斯的化學家知道了。

　　帕克斯根據麥金杜斯的辦法做出了一件雨衣，但他發覺雨衣硬邦邦的，穿上身一點也不舒服，要不是因為能防雨，誰願意穿著它呢？

　　帕克斯決定改造雨衣，將其變成更適合人們穿著的衣物。

　　很快，他的舉動便成了新聞，大家都知道帕克斯要造一種新式雨衣了。

　　有好心人提醒麥金杜斯：「這是你的專利啊！別讓帕克斯這個傢伙奪走！」

　　豈料麥金杜斯卻無所謂地說：「算了吧！我只要有一件雨衣能在雨天上下班就足夠了，其他的可沒想那麼多，做人要知足。」

　　十幾年後，不知足的帕克斯用二硫化碳溶解了橡膠，發明了一種柔軟的雨衣，他為此申請了專利，還將專利賣給了一個富商，獲得了一大筆財產。

　　麥金杜斯得知消息後，不由得非常懊悔，但他也沒有辦法，只能看著機會從身邊溜走，這真是一大悲哀啊！

　　不過，人們並沒有忘記麥金杜斯的功勞，大家都把雨衣稱為「麥金杜斯」。直到現在，「雨衣」這個詞在英語裡仍叫做「麥金杜斯」(mackintosh)。

70

為了讓她不再無助

貼心的ＯＫ繃

世上有沒有真愛？當然是有的。

西元一九〇一年，美國一個普通工薪家庭的兒子埃爾‧迪克森與當地富商的女兒馬莉步入了教堂，兩人儘管貧富懸殊很大，但並不妨礙他們相親相愛。

迪克森不是因為馬莉有錢才看上她的，他喜歡的是馬莉的善良和單純。

馬莉雖然從小就含著金湯匙長大，但她並沒有公主病，待人也特別和藹可親。不過她的家人對她過度保護了，以致於馬莉直到結婚，仍是什麼家務事都不會做。

「親愛的，我真沒用！連飯都不會做！」婚後，馬莉苦惱地對丈夫說。

迪克森憐惜地看著自己的妻子，寬慰道：「沒事，在妳學會之前，我來做給妳吃！」

這時馬莉的父親因為擔心女兒得不到良好的照顧，給小夫妻安排了好幾個保姆。於是，迪克森每天去上班，而馬莉則在家安心當著闊太太，日子過得很悠閒幸福。

可惜好景不常，厄運降臨到他們的頭上。

馬莉的父親因在生意場得罪了人，被仇家暗殺了，這導致他的生意無

人打理，於是，馬莉家破產了。

宛若一夕之間從天堂掉進地獄，馬莉手足無措。

迪克森安慰著妻子：「沒事的，我們一定能度過難關！」

馬莉看著丈夫堅定的神情，也不自覺地點點頭。

迪克森在一家繃帶公司上班，而馬莉為了生活，從未打過工的她去了一家農場工作。

馬莉努力地在農場學習如何打工，可是她的生活經驗畢竟太少，幾乎每天都會出現一些狀況，嚴重的時候，還會把自己弄得遍體鱗傷。

每天晚上，當迪克森回家後，發現受傷的妻子正躺在床上暗自啜泣，總會忍不住流下辛酸的眼淚。

「是我不好，讓妳受苦了！」迪克森淚流滿面地說。

「不！不要這樣說！」溫柔的馬莉摀住了丈夫的嘴，她自責道，「都怪我不早點學習怎麼生活，所以現在上天給了我懲罰！」

迪克森聽妻子這麼說，心裡又是一陣難過，他默默地為妻子包紮傷口，同時暗自著急起來：這些傷口在受傷之初就得盡快打理，否則容易感染的呀！

怎樣才能讓自己不在時，妻子也能順利包紮傷口呢？迪克森開始思考這個問題。

那個時候人們出現傷口，會先用紗布敷在傷口上，然後用繃帶將紗布一圈一圈地包裹起來，這番舉動需要兩隻手的通力合作才能完成。

馬莉的右手經常受傷，她不可能單手進行包紮，迪克森便想了一個辦法，他把紗布的一面塗上膠水，然後貼在繃帶中央，這樣就無需一手按紗

布，一手纏繃帶了。

迪克森的紗布、繃帶二合一之法剛開始沒有見效，因為繃帶會因膠水的乾結而捲曲起來。

後來，迪克森又找了一種不會變捲的繃帶，他喜滋滋地讓馬莉試驗。幾天後，馬莉撇著嘴告訴丈夫：膠水容易乾，這樣紗布就掉下來了。

為此，迪克森再度進行了很多實驗。

最後，他發現一種材質粗硬的紗布能圓滿地解決上述問題，而且這種紗布還容易被揭下來，不會黏在手上。

此後，馬莉再也不用擔心受傷了，當然，這和她對工作的熟練程度也有關係，她做起事情來越發得心應手了。

當迪克森發現自己發明的繃帶效果非常好時，就找到了公司高層，闡述了自己的想法。公司對迪克森的思路非常器重，任命他為產品經理，並決定推出迪克森的繃帶。

後來，迪克森成為了公司的副總，而凝聚著他對妻子無限關愛的繃帶則變成了如今的ＯＫ繃，為人們講述著一對夫婦纏繞在指尖的愛情故事。

【Tips】

迪克森發明的這種繃帶為他帶來了好運，他所在的公司主管凱農先生將它命名為 Band-Aid，也就是邦迪。接下來，公司就把邦迪做為急救繃帶產品的名稱，因此這種ＯＫ繃也開始行銷世界。

71

孩童嬉戲的產物

就在身邊的望遠鏡

每個人在小時候都喜歡玩，對著一件再正常不過的東西往往能玩個老半天，可別小看了孩子們的小打小鬧，或許能做出一件驚天動地的發明來呢！

在四百多年前的荷蘭，有一座叫米德爾堡的小城市，約有幾百戶人家在那裡安居樂業，過著平靜而閒適的生活。

當時已經出現了眼鏡，人們也會讀書看報，所以視力問題也一直困擾著老百姓。

於是，城裡一個叫利珀西的商人開了一家眼鏡店，為人們提供各種提高視力的服務。

由於全城僅此一家眼鏡店，利珀西的生意特別好，而且他的腦子又特別靈活，所以顧客絡繹不絕，樂得利珀西連睡覺都在笑。

利珀西有三個兒子，都特別調皮，經常在店裡打鬧。

利珀西為了做生意不被打擾，便總是將孩子們轟到店後面去玩，不過孩子們更喜歡去屋子的樓頂嬉戲。

好在利珀西從不知道兒子們玩耍的地點，否則他要是得知孩子們在沒有護欄的樓頂上，一定會嚇得連生意也不做，立刻跑到樓上將這些小頑皮給揪下來。

利珀西有個紙箱，裝著客人們換下來的舊鏡片，時間一長，箱子幾乎

堆滿了鏡片，還蒙著厚厚的灰塵，每當利珀西扔一塊鏡片進去，就有塵土飛揚起來，宛若隱形人在跳舞。

愛玩的孩子們後來發現了這個箱子，他們很好奇，就拿了一大把鏡片，七嘴八舌地討論該怎麼用。

「好像應該放在眼睛前面，我看到大人都是這麼玩的！」大哥說。

「不，我們應該放兩個，左邊一個，右邊一個，這才是大人們的玩法！」二哥說。

最小的小弟便拿著兩塊鏡片，放在手上翻來覆去地看著。

他也想各放一塊鏡片在眼前，但不知怎的，就將兩塊鏡片疊在了一起。

頓時，他看到了自己從未見過的場景：遠處的樹高大起來，連細小的樹葉都一清二楚，而距離他們有兩條街道的教堂也清晰無比，就好像近在眼前一樣。

「啊！」小弟驚奇地大喊起來。

「怎麼了！」他的兩個哥哥連忙奔到他身邊，擔心地問道。

小弟將自己的發現給哥哥們看，結果兩個哥哥也發現了鏡片的奧祕，他們激動地又喊又跳，聲音之大，把街道上正在行走的路人都給嚇了一跳。

利珀西頭痛不已，他一邊怒斥，一邊轉身上樓，要孩子們安靜一點。

孩子們趕緊下樓，將鏡片的作用告訴父親。

他們爭先恐後地說著話，不僅利珀西聽不清楚，反而憋了一肚子氣。

「閉嘴！誰再說話就不准吃飯！」利珀西喝道。

第二天，利珀西剛開店沒多久，又聽到孩子們在樓上大喊，他神色突變，乾脆拿了根雞毛撢子，要去教訓孩子們。

三個兒子見父親生氣了，再也不敢大聲喧嘩了。

小兒子哆哆嗦嗦地將鏡片交給父親，沒忘提醒一句：「把它們疊在一起，就能看清楚東西。」

「廢話！」利珀西氣呼呼地說，「近視鏡片當然能看清東西！」

接著，他不顧孩子們的哀求，把三個臭小子揍了一頓。

當天中午，顧客比較少，利珀西忽然想起兒子的說法，就拿出兩塊鏡片開始擺弄。

他把鏡片疊來疊去，並沒有發現有什麼不同，突然間，他靈機一動，將兩塊鏡片拉開一段距離，頓時，眼前的情景也讓他驚呆了。

利珀西這才知道錯怪了孩子們，心中十分愧疚，他做了一個長長的圓筒，將兩塊鏡片固定，然後拿給孩子們看：「你們看，這下看東西就方便多了！」

孩子們欣喜地玩弄著這個新奇的東西，而利珀西因為覺得此物會吸引到不少顧客，就在自己的店中賣起了這個圓筒。

他將自己的發明稱為「窺視鏡」，很快，顧客們對窺視鏡愛不釋手，無論近視與否，都一窩蜂地前來購買。

利珀西見窺視鏡如此受歡迎，連忙去申請了專利，還獲得了一筆獎金。

伽利略向威尼斯大侯爵介紹如何使用望遠鏡

後來，伽利略從窺視鏡中受到啟發，發明了天文望遠鏡，之後望遠鏡的名稱就流傳下來，成為人們所熟知的一種物品。

望遠鏡是如何把遠處的景物移到我們眼前來的呢？靠的是組成望遠鏡的兩塊透鏡。望遠鏡的前面有一塊直徑大、焦距長的凸透鏡，名叫物鏡；後面的一塊透鏡直徑小、焦距短，叫目鏡。物鏡把來自遠處景物的光線，在它的後面彙聚成倒立的縮小了的實像，相當於把遠處景物一下子移近到成像的地方。而這景物的倒像又恰好落在目鏡的前焦點處，這樣對著目鏡望去，就好像拿放大鏡看東西一樣，可以看到一個放大了許多倍的虛像。這樣，很遠很遠的景物，在望遠鏡裡看來就彷彿近在眼前一樣。

72

吃錯了藥反是一件好事

豆腐的煉製

豆腐是中國特有的美食，吃過它的人無不稱讚其口感的綿軟嫩滑，而它的烹飪方法也是不勝枚舉，足以讓外國人垂涎欲滴，令中國人備感自豪。

在中國歷史上，豆腐的發明透著一股濃濃的傳奇色彩，據說，發明它的人是八公山上的劉安，而它的出現，竟然是因為煉丹的失敗。

事情要追溯到西元前一六四年，那時劉邦的孫子劉安被冊封為淮南王，建都壽春。

一被冊封，劉安就開始大張旗鼓地招募起門客來。

一開始皇帝聽到這個消息，心中不由得一緊，連忙派人調查，後來發現劉安的遠大志向僅僅是煉丹修仙，就鬆了一口氣，再也不管他了。

為了找到與自己志同道合的奇人

煉丹圖

異士，劉安招募了上千人，而最終與他組成煉丹小組的只有八個人，即蘇菲、李尚等八位術士，他們被稱為「八公」，大名鼎鼎的「八公山」就是這麼來的。

劉安整日與八公廝混在一起，穿道服持拂塵，唸著「道可道，非常道」，恨不得自己的誠心有一天會被上帝看到，不用再煉丹而直接升天了。

可惜上天毫無反應，所以煉丹只能繼續。

劉安他們試了很多種辦法，煉出了一些黑色的「仙丹」。

這些丹藥硬得跟石頭似的，咬都咬不動，只好囫圇吞下去，還好丹藥沒毒，否則劉安的小命就保不住了。

即便煉出丹藥，這幫人仍是隔一段時間就再煉一種仙丹，彷彿生怕丹藥不靈驗似的。

可是究竟靈不靈，還得過幾十年再看呢！

有一回，劉安突發奇想，要用黃豆煉丹。

他先將黃豆加水研磨成白白的豆漿，然後把豆漿倒入丹爐中，開始加熱丹爐底部。

這次劉安大概是江郎才盡，竟然沒有想到往丹爐中再添加其他亂七八糟的玩意兒。

這時八公過來了，見丹爐裡的材料如此簡單，就建議道：「不如加點什麼進去吧！」

劉安一想，覺得也是，就點頭道：「你們想想加什麼。」

正巧有個人手裡拿著一點鹵水，便說：「加鹵水吧！似乎有凝固的效果。」

於是，鹵水便被緩緩倒進了丹爐中，然後劉安蓋上了爐蓋。

在燒製過程中，一股香味從丹爐中飄出，讓術士們驚嘆道：「好香啊！」

也許這次就是仙丹了！聽說仙丹都是香的！劉安在心中竊喜。

孰料，當爐火熄滅後，劉安一揭開爐蓋，頓時驚叫起來：「這是什麼玩意兒！」

八公立刻上前圍觀，他們也旋即目瞪口呆。

原來，鍋中竟然不是一粒一粒的丹藥，而是一整鍋軟綿綿的白色固體！

劉安用手指輕輕碰了碰鍋裡的東西，發現其觸感十分柔滑，好似嬰兒的皮膚。

「摸上去就很奇怪。」劉安對其他人說。

術士們七嘴八舌地議論著，但誰也沒提到核心問題：這玩意兒能不能吃。

最終，還是劉安發話了：「你們嚐嚐看，吃了會怎樣。」

這就是寄人籬下的下場，儘管心裡一千個不願意，術士們還是無可奈何，用顫抖的手指挖出一塊，然後抱著必死的決心，一口吞了下去。

儘管吃進嘴裡的感覺非常好，但吃的人依舊很擔心，怕自己倒地不起、一命歸西。

至於其他人，都僵在原地，等著試吃者的反應。

時間彷彿凝固了一般，試吃的人的額頭上滲出了密密麻麻的汗珠。

過了很長時間後，依然沒有人出現意外，這時大家才恍然大悟：原來

他們煉出來的不是丹藥，而是一種食物！

接下來的情景就有點搞笑了，大家搶著去吃鍋裡的豆腐，並且吃得不亦樂乎，完全把剛才的恐懼感拋到了九霄雲外。

就這樣，豆腐被偶然地發明了出來，至今，淮南的民間還流傳著一句歇後語：劉安做豆腐——因錯而成。

【Tips】

西漢時，八公山屬淮南國。漢厲王之子、漢武帝的皇叔劉安被封為淮南王。劉安尚文重才，廣招天下賢達飽學之士，編纂了《淮南子》，第一次整理編訂了二十四節氣，發明了名揚四海的美食——豆腐。其中最為劉安賞識的八位：左吳、李尚、蘇飛、田由、毛被、雷被、伍被、晉昌被封為「八公」。

73

上帝在暗中相助

軟木塞造就的罐頭

十八世紀末的法國，即將迎接新一輪的腥風血雨。

資產階級大革命爆發後，法國政壇風雲突變，王室成員被一個一個地送上了斷頭臺，資產階級掌握了國家政權，而此時，舊王朝的勢力也在蠢蠢欲動，欲重新奪回政權，恢復封建制度。

亂世出英雄，此時，一個小個子的青年登上了歷史舞臺，他就是著名的拿破崙·波拿巴。

拿破崙幫助資產階級鎮壓了國王的殘餘勢力，因而很快登上了「內防部」副司令的位置。

拿破崙的野心並不止於此，他還想登上國王的寶座，因此拼命地擴充自己的軍備。

這時候，有個問題冒了出來：既然軍隊中有那麼多人，勢必得有一個龐大的後勤部才行，但是在外打仗，帶那麼多的鍋爐、糧食顯然是會拖累行進速度的，有什麼辦法可以讓戰士們迅速填飽肚子又不必浪費很多精力呢？

拿破崙想了很多辦法，都行不通，眼見戰事迫在眉睫，他只好用錢來解決問題。

某天，全國都出現了這樣的告示：誰能發明一種既方便攜帶又能保持

原味的食物，就賞給他一萬兩千法郎。

一萬兩千法郎，這可是一筆巨大的財富啊！

每個人都想得到賞金，一群人紛紛地投入實
驗中，其中，不乏一些有著豐富食品製造經驗的
人，比如從事糕點製作十餘年的巴黎商人尼古拉·
阿貝爾。

尼古拉·阿貝爾

阿貝爾除了做糕點，還精通葡萄酒和威士忌
的製造技術。由於長年接觸儲存食物的瓶瓶罐罐，
阿貝爾有了豐富的經驗。

比如，他意識到食物放在陶器罐和玻璃瓶中最能保持新鮮，不過玻璃
瓶更容易攜帶，此外，食物不宜與空氣接觸，否則容易變質，所以要想儲
存食物，就該隔絕空氣。

阿貝爾認為自己的思路是完全正確的，於是他開始動手研發起來。

他煮了一些果汁，然後裝入陶罐中，因為怕沾灰塵，他就找來一個大
小適中的軟木塞，將罐口塞得異常嚴實。

下一步就是要製作糕點了。

正當阿貝爾想好好製作時，廚房裡的夥計卻告訴他一個壞消息：麵粉
沒有了！

阿貝爾無可奈何，只好收起圍裙，等待庫房裡買進麵粉。

誰知當時巴黎的物資匱乏，這一拖就拖了一個多月，而那罐果汁早已
被阿貝爾遺忘在角落裡，罐身都積了厚厚的一層灰。

待阿貝爾買到麵粉並做完糕點後，他才想起之前自己做的果汁，頓時

「哎呀」一聲叫起來。

那些果汁，肯定已經壞掉了吧！

阿貝爾只好去把果汁倒掉，不過罐口的軟木塞實在太緊，他拔不下來，就找了一把刀，把塞子撬了出來。

當塞子彈出罐口的一剎那，一股沁人心脾的果香飄進阿貝爾的鼻子裡，阿貝爾目瞪口呆，果汁居然沒有壞！

這是怎麼一回事呢？莫非是軟木塞的功勞？

於是阿貝爾又做了一個實驗，他將煮熟的肉裝入一個玻璃瓶裡，然後用軟木塞把瓶口堵上，再在塞子的周邊封上蠟，然後靜觀其變。

兩個月後，阿貝爾迫不及待地打開瓶塞，發現肉一點也沒變質，不由得笑得前仰後合，他終於找到保鮮的方法了！

接下來，阿貝爾將他的密封容器貯藏技術上報給了政府，拿破崙聽後

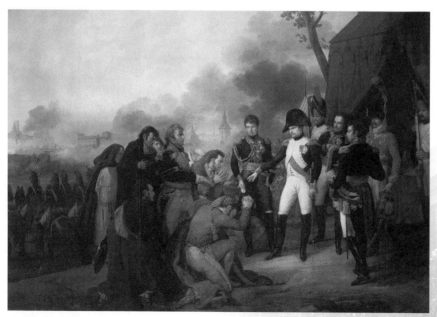

軍事天才拿破崙

喜上眉梢，急忙下令製造第一批密封在玻璃瓶內的食品，然後將其送到前線。

一晃三個月過去了，前線打回來的報告說，那些食物仍舊保持新鮮。

就這樣，阿貝爾得到了拿破崙的鉅額賞金，他用這筆錢開了一家罐頭廠，研發出了七十多種罐頭食品。

後來，各國也都知道了罐頭的製作方法，便紛紛效仿。

不過玻璃罐頭有個很大的缺點，就是易碎，到了十九世紀二〇年代，英國罐頭商杜蘭德受馬口鐵製造的茶葉罐啟示，用馬口鐵製造了鐵皮罐頭。

從此，罐頭不怕再被摔碎了，而後各國還陸續生產出各種功能奇特的罐頭，讓人們在享受便捷的同時也能滿足多種需要。

【Tips】

中國罐藏食品的方法早在三千年前就應用於民間。最早的農書《齊民要術》就有這樣的記載：「先將家畜肉切成塊，加入鹽與麥粉拌勻，和訖，內瓷中密泥封頭。」這雖然和現代罐頭有所區別，但道理相同。

74
被鋼筆弄髒的衣服
噴墨印表機的由來

　　噴墨印表機是辦公室裡的常見用品，它誕生於二十世紀七〇年代，是由點陣式印表機發展而來的，不過其工作原理，卻與前者大相徑庭。

　　人們是怎麼想到要發明噴墨印表機的呢？這多虧了一枝鋼筆。

　　當年，一個年輕人來到了著名的佳能公司實習，他叫奧魯科，是一名剛畢業的大學生。

　　奧魯科想做研發的工作，以為像佳能這種大公司會給自己這樣的機會，誰知他很快被分配到了行政部，負責列印文件之類的工作，這讓他沮喪極了。他覺得自己的工作完全是不需動腦子的機械勞動，因而心生不滿，可是他好不容易能進大公司，又生怕因表現不佳而被辭退，只好忍氣吞聲地繼續工作著。

　　行政部就是一個打雜的地方，每天都有很多文件需要奧魯科列印。

　　奧魯科幾乎每天都在吱吱呀呀的印表機前守著，而讓他尤其受不了的是，由於文件太多，他需要多次為印表機換色帶，結果換得他滿手都是黑色的油墨，連白色工作服都被弄髒了。

　　天啊！我要是能發明出一種不用換色帶的印表機就好了！也省得每天洗衣服了！奧魯科時常這麼想。

　　在一個週末的早上，奧魯科的母親給全家洗完了衣服，就坐在窗前，

用鋼筆填寫財物報表。

這時，家裡的電話響了，奧魯科接了電話。

過了一會兒，他放下電話，告訴母親：「我要回公司一趟，我的工作服洗了嗎？」

「我剛洗好，還沒來得及熨燙。」母親說。

由於兒子急著要走，母親就放下鋼筆，將兒子的工作服擱置到熨衣板上，然後用熨斗急匆匆地熨起來。

「好了，你快穿上吧！」母親總算忙完了，便趕緊招呼兒子。

奧魯科便過來穿衣，可是他忽然懊惱地說：「右邊這隻袖子沒有乾！」

「你等一下！」母親又倉促地讓兒子把工作服脫下來，她順手將熨斗擱在一邊，然後去給水袋灌熱水，想將袖子燙乾。

正在這時，只聽到極輕微的一聲響，一小團黑霧突然噴了出來，正好噴到了奧魯科的工作服上，形成了一個像小鳥一樣的圖案。

「唉，兒子，對不起，我怎麼這麼不小心呢！」母親見狀，不由得自責萬分。

原來，母親在放熨斗的時候，沒有留意，將其放到了她的鋼筆上，由於受到高溫影響，鋼筆裡的墨水被霧化並且以極快的速度噴了出來，最後居然還形成了圖形。

奧魯科見整個過程幾乎沒有發出聲音，不禁嘖嘖稱奇，他想：何不用類似原理製造出一臺可以噴墨的印表機？那樣的話肯定不用換色帶！

「媽媽，妳幫了我大忙了！」奧魯科笑著擁抱母親，讓對方莫名其妙。到公司後，奧魯科跟總工程師深度聊了一下自己的創意，結果博得了後者

的認同。

　　奧魯科大受鼓舞，他利用業餘時間認真去學點陣式印表機的原理，終於瞭解到點陣式印表機利用針點，是透過色帶，把圖案的像素一個一個打出來最終堆成圖案。那如果一個個針點變成一小噴頭，然後透過霧化技術把墨噴出來，那不就形成圖案了，再也不用換色帶了嗎？奧魯科興奮地想。

　　他花了七年的時間來研製噴墨印表機，儘管他仍舊在行政部裡跑腿，但他卻從此覺得生活充滿了希望，而他也有了前進的目標。

　　西元一九八三年，奧魯科為公司裡的同事展示了自己發明的第一臺簡易噴墨印表機，這臺機器列印時字體清晰、圖案鮮明，且噪音很小，博得了所有人的讚譽。

　　人事部很快將奧魯科調到了研發部，這是公司高層的直接任命，他們對奧魯科的印表機非常重視。

　　奧魯科沒有辜負公司的期望，一年後，他和其他同事製造出了更快更清晰的印表機，並獲得了專利。

　　由於奧魯科的努力，噴墨印表機成為佳能公司的主打產品之一，並在今日仍在人們的生活中發揮著至關重要的作用。

【Tips】

　　奧魯科發明的印表機因為採用的是加熱霧化噴墨技術，公司為其取了一個好聽的名字：噴墨印表機。

75
亂吃東西的化學家
糖精與不要命的故事

　　亂吃東西會有很多危害，比如易發胖、得糖尿病、消化不良，而如果化學家亂吃實驗品，那就更不得了，隨時可能一命嗚呼！

　　可是在人類歷史上，卻有一位不要命的化學家，他似乎飢不擇食，見到東西就吃，其瘋狂程度真讓人大跌眼鏡。

　　此人是誰呢？

　　原來他是十九世紀的俄國化學家康斯坦丁・法赫伯格。

　　在西元一八七七年，巴爾的摩的一家公司找到法赫伯格，聘請他為公司分析糖類的純度。有錢賺，何樂而不為，法赫伯格一口答應下來。

　　沒想到這家公司沒有自己的實驗室，法赫伯格只好去找自己的好友——約翰・霍普金斯大學的化學家伊拉・萊姆森，請對方臨時借一個實驗室給自己。

　　萊姆森答應了法赫伯格的請求，他還豪爽地說：「以後你要是還想用我的實驗室，儘管開口！」

　　法赫伯格非常感激好友的鼎力支持，從此他就經常出入於約翰・霍普金斯大學做實驗，沒想到在那裡，他居然做出了一項重大發明。

　　在一個夏夜，法赫伯格在忙完對煤焦油的衍生物實驗後，發現天色已經黑得看不到一點亮光。

「糟糕，老婆還在等我吃飯呢！」法赫伯格失聲叫出來。

此時他的肚子也在「咕咕」地抗議，法赫伯格趕緊收拾東西，連手也沒洗，就匆匆往家趕去。

「親愛的，很抱歉我回來晚了！」一回到家，他就滿懷歉意地對妻子說。

妻子趕緊去廚房熱菜，她一邊忙碌一邊說：「等不到你回來，我就先吃了，你稍等，我把飯菜熱一下。」

由於怕丈夫飢餓，妻子先熱了兩塊麵包給法赫伯格。

法赫伯格拿著麵包片一咬，喲！好甜啊！

他暗想：老婆怎麼想起做甜麵包了？

很快，妻子將所有的飯菜都熱好，端上桌讓丈夫用餐。

法赫伯格每吃一道菜，都覺得甜，連蘑菇湯也比往常甜很多，他一邊吃一邊問妻子：「妳今天做菜放了不少糖？」

妻子卻有點驚訝：「沒有啊！我沒有放糖。」

法赫伯格聽到這番話，立刻放下叉子，開始思考起來。

奇怪，既然老婆沒有放糖，那甜味又是從哪裡來的呢？

難道是從自己手上來的？

突然，法赫伯格的眼睛亮起來。

是的，他在離開實驗室前並沒有洗手，而只是用手帕簡單地擦了一下雙手，所以那甜味就是他自己製造出來的！

想到這裡，法赫伯格「霍」地站起身，抓起外套和公事包就往外走。

妻子有點莫名其妙，她叫道：「這麼晚了，你去哪裡呀？」

「實驗室！」法赫伯格匆匆地走了，甚至來不及再跟妻子說一句話。

回到實驗室後，法赫伯格仍處於極度興奮的狀態，他滿腦子都想著把那種散發甜味的物質找出來，因此竟沒有考慮到自身安全，開始嚐遍所有容器中的化合物。

這樣的舉動在如今看來肯定是一個重大的失誤，但法赫伯格卻像瘋了一般，不停地東舔西舔。大部分化合物都是苦的，而且還把法赫伯格的舌頭染成了彩虹一般的顏色。幸運的是，在法赫伯格沒有被化學物品毒死之前，他找到了自己想要的東西，那就是糖精。

「太好了！這應該是非常有用的一項發明！」法赫伯格擦著頭上的汗，欣慰地說，他幾乎要手舞足蹈了。

後來，他申請了糖精的專利，而且還開了工廠，開始生產糖精。

如他想的那樣，糖精後來被人們廣泛利用，甚至一度成為調味料，直到科學家認為糖精不能被食用後，它才在食品界銷聲匿跡。

【Tips】

植物界中還有一些比蔗糖更甜的物質：原產南美洲的甜葉菊，比蔗糖甜兩百～三百倍；非洲熱帶森林裡的西非竹芋，果實的甜度比蔗糖甜三千倍；非洲還有一種薯蕷葉防己藤本植物，果實的甜度達蔗糖的九萬倍。而我們平常用的比蔗糖還甜的物質是糖精，它比蔗糖要甜五百倍。

76
千鈞一髮之際呼出的一口氣
人造雨的成功

　　古時候，每逢旱災的時候老百姓只能跳舞拜神，祈求上天恩賜雨露。到了現代，科技的發達使人們不甘心再被動地求雨，他們要自己製造雨水，這就是所謂的人造雨。

　　在晴空萬里的天上，怎麼造出雨滴呢？

　　二十世紀中期，科學家得出一個結論：雨滴是由灰塵等顆粒為內核，吸附水汽而產生的，所以他們就坐上飛機，把大量人造內核送達到雲層裡去。

　　結果卻往往事與願違，很少有幾次造雨是成功的，大部分時候，專家們耗費了人力和物力，太陽卻仍舊在人們頭頂上炫耀，似乎在笑話著人們的不自量力。

　　難道說，內核凝聚水汽的說法是錯誤的？

　　正當科學家們一籌莫展之際，美國通用電氣公司的一名員工——科學家歐文・蘭米爾和他的助手謝弗透過觀測雲層的溫度，發現了一個奇特的現象：高空的那些雲彩溫度經常比冰點還低，卻不會結冰。

　　也就是說，即便水汽處於零度以下，它也是不會凝固的。這就從側面印證了內核說，也讓不少科學家找到了人造雨的方向。

　　第二次世界大戰後，蘭米爾沒有再深挖人造雨的技術，但謝弗堅持了

下來。

　　謝弗依舊在尋找內核，他幾乎將氣象學上建議的一切材料都用了個遍：粉塵、泥土和鹽類。

　　他先將自己呼出的氣送入製冷器，然後把可以變成內核的材料也投入進去，接下來的時間，他就坐等雨滴或雪片的形成。

　　可是令他失望的是，在無數次的實驗裡，他從未取得過成功。

　　「難道是我選的材料有問題嗎？」在無數個日子裡，他沮喪地坐在實驗室裡，喃喃自語。

　　「會不會是內核論的問題呢？」他的同事插嘴道。

　　由於失敗次數太多，謝弗後來也開始懷疑起自己一貫堅持的理論是錯誤的，他有點破罐子破摔的心理，每次做實驗時都要在心裡抱怨一聲：反正都不會成功的！

　　又是一個豔陽高照的日子，謝弗在臨近中午的時候再度做了一個人造雨的實驗。

　　正當他想看看失敗的實驗結果時，同事叫他去吃飯，於是謝弗應了一聲，匆匆地走了。

　　臨走的時候，他並沒有蓋製冷器的蓋子，因為冷空氣會下沉，不會從盒子裡面跑掉的。

　　吃完飯後，謝弗又回到製冷器前，發現在自己離開的那段時間裡，因為夏季的高溫，製冷器的溫度比先前高了一點。

　　不行，得趕緊降溫，否則達不到冰點的溫度了！謝弗心想。

　　這時他可以蓋上蓋子，讓溫度緩慢地下降；或者投入乾冰，迅速降溫。

謝弗是個急性子，他不喜歡等待，就在製冷器中放入了乾冰。

就在這個時候，由於午飯吃得過飽，謝弗不禁伸了個懶腰。

頓時，他的嘴裡呼出了大量的哈氣，這些氣體進入了製冷器內，與乾冰相互纏繞著，在一瞬間變得晶瑩剔透，好似成千上萬顆小水晶。

謝弗愣了一下，他旋即跳起來，衝著同事大叫：「快看！我造出了雪花！」

原來，內核論正確無誤，而選用的材料應該為乾冰，這樣才能人工造雨。

西元一九四六年的十一月，謝弗登上一架小型飛機，飛上了高空。

他很快來到雲層上方，啟動了噴灑乾冰的裝置。

當他落回地面的時候，天空已經烏雲密布，豆大的雨點瞬間砸向地面，而謝弗的恩師蘭米爾則伸開雙臂緊緊擁抱了謝弗，大叫道：「你創造了奇蹟！」

後來，通用公司另一名工人伯納德・萬內格特發現用碘化銀也能使雲層結冰，也進行了很多實驗。

這個萬內格特很大方，因為碘化銀很昂貴，他卻毫不在乎，彷彿碘化銀對他來說跟破銅爛鐵似的。

最終，萬內格特發現將純的碘化銀磨成小碎片，也能具備和乾冰一樣的功效，於是他將自己的發明公之於眾，獲得了科學家的一致讚頌。

如今，乾冰和碘化銀這兩種人工降雨法已成為業內公認的造雨方法，人們再也不怕乾旱的困擾，自己就能影響天氣了。

　　碘化銀雖然昂貴，但萬內格特最終找到一種方法能把碘化銀磨成很小的碎片，像煙霧一樣。這樣的碎片可以散布在很廣的範圍內，如有足夠的雲量，使用很少的幾克就能造出灑遍一個國家的雨量。

77
菸灰是個大功臣
穩定的水電池

對人類而言，誕生於十六世紀的電池是項偉大的發明，它為日常生活提供了很多動力。

早期的電池由金屬片和金屬鹽溶液組成，科學家將銅片和鋅片浸入溶液中，然後以導線相連，電流就產生了。可是這種原始電池的壽命並不長，因為金屬鹽具有腐蝕性，這就使得導電的金屬片容易遭到損壞。另外，用金屬鹽溶液發電，電流並不穩定，這也造成了很多工程師的困擾。

怎樣解決電池的這些問題呢？

二十世紀三〇年代末，美國的發明家伯特·亞當斯想到一個辦法：既然鹽類溶液會侵蝕金屬，我用水做介質不就行了嗎？

的確，水的腐蝕性要比化學溶液小很多，如果能夠製成電池，那就再好不過了。當其他科學家得知亞當斯的想法時，他們都取笑他：「簡直是癡心妄想！水中沒有電離子，你怎麼形成電流的迴路呢？」

亞當斯卻不理會人們的打擊，他執意要做出獨特的水電池。

他用金屬鎂和氯化銅分別做為陽極和陰極，然後將兩個物質放入水中。儘管由於化學作用，會有電流產生，但讓亞當斯失望的是，電流太微弱了，根本不足以提供動力。

亞當斯沒有灰心，他一邊抽菸，一邊在腦中搜尋著解決辦法。

他是一個菸癮很大的人，和大多數男人一樣，亞當斯覺得菸能提神，能更好地激發他的靈感，所以越是工作緊張，他越會抽很多菸。

雖然暫時無法造出電流量大的電池，但亞當斯卻始終認為鎂和氯化銅的結合是正確的。只要我稍稍進行改進，就可以了！他一邊吐著煙圈，一邊在心中默默鼓勵自己。氯化銅是需要煉製的，而亞當斯沒有專門的實驗室，他只好在家煮化學品。

在差不多兩年的時間裡，亞當斯的家裡都瀰漫著一股一股嗆鼻的味道，讓每個到他家來做客的朋友都大呼受不了。

還好亞當斯抽菸，他的鼻腔裡滿是菸草的辛辣味道，「所以我不怕，誰叫你們不抽菸。」他還取笑朋友們。

在一個冬日的晚上，亞當斯仍在忘我地忙碌著，火爐上的坩堝「嗚嗚」地發出怪響，熔化的金屬噴著火焰，將昏暗屋子的一角照得紅彤彤一片。

亞當斯知道這鍋氯化銅馬上就要煉好，便揭開鍋蓋，想看一看是否可以將氯化銅撈出鍋。誰知，他剛揭開蓋子，那升騰的熱氣就薰得他後退了一步，而他那拿著香菸的手也抖了一下，一截長長的菸灰正好掉進了鍋裡。

「糟糕！」亞當斯想挽救，卻已經來不及了，菸灰很快消失在還冒著氣泡的金屬溶液中，彷彿從未出現過。

儘管擔心得不到純淨的氯化銅，亞當斯仍舊抱著一絲僥倖心理，做好陰陽電極，然後將整個裝置置於一個馬口鐵製成的嬰兒罐頭盒子裡。

「一定要成功啊！」亞當斯默默祈禱著，給罐頭盒灌上了水。

當他給電極接上電流計時，奇蹟竟然真的出現了！

電流計的指針大幅度地跳動，讓亞當斯目瞪口呆，他想要的大電流真的有了！

亞當斯冷靜下來，分析成功的關鍵在於他的菸灰，而菸灰的主要成分為碳，也就是說，碳是水電池不可或缺的因素。

於是，亞當斯轉變思路，在電路中加入了很多富含碳的物質，如木炭、煤球等，他的實驗越來越有希望，勝利就在眼前。

西元一九四〇年，亞當斯帶著自己研製的水電池成功申請了專利，此後，水電池步出國門，走向了世界。

如今，亞當斯的電池已被科學家應用到各個領域，它上天入地，因其完善的性能而被人們格外青睞。

【Tips】

第二次世界大戰期間，美國政府在沒有告知亞當斯的情況下，擅自生產了至少一百萬個水電池，卻沒有給亞當斯一分錢。

十幾年後，貧窮的亞當斯氣憤難平，將政府告上法庭。

經過六年的申訴，他最終維護了自身權益，並拿到了兩百五十萬美元的賠償金。

第三章

這些發明對人類發展至關重要

78

父愛如磁盼兒歸
中國人製造的指南針

提起中國的四大發明，很多人都會豎起大拇指，的確，火藥、造紙術、印刷術、指南針推動了社會的進步，沒有它們，就沒有如今的文明。

在四大發明中，指南針最早出現，早在兩千五百多年前的春秋時期就已誕生，當時它的名字叫「司南」。

司南是管理南方的意思，在它的背後，有一個令人心酸的故事——

楚國有一位父親，他是一名礦工，由於兵荒馬亂，他的老婆被戰火奪走了生命，所以他只能和自己唯一的兒子相依為命。

礦工中年得子，他非常害怕兒子也會在戰亂中死去，就不准兒子離開自己半步，哪怕對方不願意。

誰知越是怕什麼，老天就越要發生什麼。

兒子長到十八歲，居然對打仗癡迷起來，整天舞刀弄槍，還叫嚷著要上戰場殺敵。礦工很生氣，他把兒子狠狠地罵了一頓，並說了一些氣話：「你從小力氣就不如別人，上前線還不等著送死！」

兒子頓時來了氣：「誰說我不如別人！我會證明給你看，讓你知道我是個勇猛的男子漢！」

礦工卻不肯讓兒子證明，因為這意味著兒子將拿自己的生命來冒險。

年邁的父親說什麼也不支持兒子的想法，就在父子倆爭吵不休的時

候，村子裡忽然來了一隊招募壯丁的官兵，他們到處叫嚷「當兵有錢拿」，挨家挨戶地去勸村民們當兵。

兒子喜出望外，背上行李就要出門，父親一看，連忙把大門鎖住，罵道：「有我在的一天，你就休想出去！」

父親的願望最終還是落空了，兒子從窗戶逃了出去，待老父晚上回家後，他呆呆地看著空無一人的家，禁不住老淚縱橫。在兒子應徵入伍的第二天，老父來到了軍隊，他對著軍曹說了很多好話，才被允許與兒子相見。

兒子很害怕，他怕父親罵他。

還好父親的神情很淡然，不像要發火的樣子。

在父親那雙佈滿皺紋和老繭的手上，還捧著一個用麻布包裹的東西。

「對不起。」兒子囁嚅地說道。

這時，父親哀嘆了一聲，他解開麻布，取出藏在裡面的東西。

兒子定睛一看，居然是一個正方形的盤子，盤子的中央還有一個小勺子。

「這是我以前在挖礦時挖到的磁石，後來我發現這種石頭總是指著南方，就把它做成了這個東西。」父親一邊說，一邊擦著眼淚。

父親又將勺子擺弄了幾圈，兒子看到勺柄總是指著一個方向，不禁感到有些奇怪。

「你看，勺柄總是指著南方的，所以我叫它『司南』，希望你在外面不要忘了家鄉。」父親說著說著，眼中沁出豆大的淚珠。

兒子的眼眶也濕潤了，他忽然覺得有點不捨。

此時，長官下達了出發的命令，兒子不得不迷濛著淚眼與老父告別。

父親將司南塞在兒子懷裡，目送著兒子離去。

從此一別，再無相見之日。

後來，兒子在戰場上衝鋒陷陣，立下不少戰功，他始終將司南帶在身邊，閒暇時就拿出來把玩，然後順著那勺柄指著的方向向遠處眺望。

他沒忘記，在那遙遠的南方，有一個父親在等著兒子回家。

當戰爭結束後，長官要給這個年輕人封官，年輕人卻婉拒了，他想快點回家找他的父親。誰知，當他回到闊別多年的家鄉後，才得知父親早已過世多時，不由得悲痛欲絕。

那個司南被兒子供置在父親的靈堂上，而他再也未離開家鄉。

【Tips】

中國最早的指南針理論，是建立在陰陽五行學說基礎上的「感應說」。最晚成書於宋朝的《管氏地理指蒙》，首先提出如下邏輯：「磁鍼是鐵打磨成的，鐵屬金，按五行生剋說，金生水，而北方屬水，因此北方之水是金之子。鐵產生於磁石，磁石是受陽氣的孕育而產生的，陽氣屬火，位於南方，因此南方相當於磁鍼之母。這樣，磁鍼既要眷顧母親，又要留戀子女，自然就要指向南北方向。」

79
為平民百姓利益的發明
蔡倫造紙

　　儘管如今都提倡「無紙化辦公」，但我們依舊要感謝造紙術。

　　如果沒有紙，我們在童年時就不能接受良好的啟蒙教育；如果沒有紙，很多商品將無法進行包裝；如果沒有紙，當姑娘們心碎流淚的時候，男人們將找不到東西來為心愛的人擦眼淚。

　　在中國，造紙術的發明者家喻戶曉，他就是東漢時期的大宦官蔡倫。

　　其實在蔡倫出生的年代，造紙術是有的，但是造價很昂貴，非平民所能消耗得起。

　　當時的人們懂得用蠶繭來煮紙漿，然後生成一種雪白且容易破碎的紙供貴族使用。

　　這對有錢人來說，用紙當然不成問題，但是對窮人而言，寫字可非一件易事。

　　既然買不起紙，又要讀書，該怎麼辦呢？

　　於是百姓們砍了很多竹子，做成了竹片，再將竹片串聯在一起，就成了竹簡。

　　竹簡價格低廉，卻非常沉重，而且容易被蟲蛀，所以也很令人頭痛。

蔡倫畫像

有一次，蔡倫去一個城鎮購置食材，結果看到一個十歲的孩子背著一個幾乎和他人一樣高的背簍，背簍裡全是竹簡，原來這個孩童是一個小書童。

太可怕了，看那麼點字就需要背那麼重的竹簡，這多受罪啊！蔡倫想。

蔡倫覺得還是紙張輕便，他決定改進造紙術，發明一種既容易書寫又便宜的紙，好讓所有的人都用得起。

為此，他專門走訪了江南生產紙張的工匠。

匠人給蔡倫演示了用蠶絲製紙的過程，並告訴他，只要有纖維，紙就能被生產出來。

可惜蔡倫不是科學家，他可不知道哪些東西是有纖維的。

沒辦法，他只好再去問工匠：「哪些東西是有纖維的？」

「蠶絲。」工匠一邊擦汗一邊回答。

蔡倫見問不出個什麼結果，只好快快不樂地回宮了。

過了一段時間，宮裡來了一位匠人，碰巧他曾經做過紙，蔡倫得知後很高興，連忙把匠人請到自己住處攀談。

匠人聽說蔡倫要造紙，他欣賞地點點頭，說：「現在的紙張確實太貴，如果大人能改良紙張，對百姓而言，將是一大好事啊！」

蔡倫見對方贊同自己的想法，不由得高興地問：「那你說說，有什麼辦法可以改善造紙法？」

「辦法倒是有。」匠人沉吟道，「就是不知能否行得通。」

「願聞其詳！」蔡倫迫不及待地說。

「可將爛木頭、破布袋丟到鍋中去煮，也許能獲得造紙所用的纖維。」匠人說。

蔡倫雖然也不知此法能否成功，但他卻摩拳擦掌地大聲說：「那我們就試試，說不定就成功了呢！」

於是，他們建造了一個作坊，沒日沒夜地忙碌起來。

蔡倫買了一口大鍋，把匠人之前說的那些材料投入進去，然後點上火煮起來。

後來他乾脆將樹皮、樹葉、破魚網，總之一切能被他看到的東西也放到鍋裡去煮。

「這樣行嗎？」工人們都不敢相信自己的眼睛。

「不試怎麼知道！」蔡倫意氣風發地說。

大鍋裡的材料逐漸被煮到綿軟，稍微一攪拌就會破碎，這時蔡倫命人將材料取出，放入一口巨大的石臼中，然後日夜不停地搗著石臼，直到那些材料變成漿液為止。

工匠都驚喜地說：「這確實是造紙的漿液啊！」

蔡倫也喜不自勝，他用漂白粉將漿液漂成白色，然後再將漿液薄薄地鋪到竹席上，等待其自然乾燥。

在接下來的一天時間裡，蔡倫有些坐立不安，不知迎接他的將會是什麼。

到了第三天，工人們歡天喜地地來找蔡倫，他們一進門就吵吵嚷嚷起來：「大人，紙造出來了！我們成功了！」

蔡倫大喜，連忙去作坊查看，發現竹席上攤著一層白如雪花的紙張。

他提起毛筆，在紙上書寫，發覺非常流暢，於是將自己的紙獻給了皇帝。

漢和帝也對蔡倫的紙非常欣賞，命他去民間大力推廣。

後來，百姓們為了感激蔡倫，都稱他發明的紙為「蔡侯紙」。

【Tips】

經過蔡倫改造的造紙術得到了極為廣泛的推廣，對人類文明進步產生了重大影響。在西元一九七八年出版的，由美國天體物理學家麥可・哈特所著的《影響人類歷史進程的一百名人排行榜》中，蔡倫位列第七位。

80 「投機取巧」的畢昇

活字印刷術

在印表機出現前，人類有很長一段時間都在以活字印刷術出版書籍，這種印刷方式雖不及印表機那麼快捷，但已是當時最先進的技術。

活字印刷術到底有多方便？它的發明者畢昇應該是最有發言權的了。

在北宋時期，畢昇本是一個印刷廠的工人，他出身貧寒，在很小的時候就開始外出打工的生活。

畢昇很勤奮，也肯下苦功，因此他的工作總能用較快的速度完成。

印刷坊的老闆看畢昇勤快，就對他十分器重，先是讓他做端茶倒水的小廝，隨後便很快提升他為校驗工人，後來畢昇見雕版工賺錢多，就偷偷地跟著工匠學習，待他能雕刻出一手好字時，他又成了調版印刷工。

每日雕字雖然辛苦，但在作坊裡，這是賺得最多的工種，所以畢昇十分珍惜。

有一次，他需要雕刻一本古籍，由於古書中生字很多，他不得不經常停下刻刀，對著古籍仔細琢磨一番，然後再下刀。

可是即便如此，他還是刻錯了很多字。

當校驗工人將錯誤的版面指給畢昇看時，畢昇的頭都大了：這麼多需要重新雕刻的版，相當於小版本書的工作量啊！

畢昇並非懶惰之人，可是他並不滿意簡單機械的重複勞動，再說一個

錯誤的金屬版中，可能只有一個字是錯的，卻需要全版整個再雕一遍，這實在是浪費時間！

無可奈何的畢昇只好拿起刻刀，重新雕刻起來。

當他好不容易刻完一版，又去刻第二版時，他發現兩個金屬版中有很多字是相同的。

如果把第一版的字用到第二版中，不就省時省力了嗎？畢昇心想。

他靈機一動，用膠泥做了一個四方形的長柱體，然後在柱體的一端刻上字，再放到火中烘烤，直把泥柱烤硬為止。

畢昇之所以不選擇用金屬刻字，是因為金屬柱體要取材的話太費時間，而且刻起來也很不方便，還是用泥好，不一會兒就完工了。

畢昇刻了好幾個泥柱，他把無字的一面貼在一張鐵板上，而把有字的一面暴露在空氣中。

然後，他給那些泥字塗上墨水，並拿著一塊紙去按壓那些字，誰知有一個泥柱滑倒了，紙上留下了一道粗粗的黑線。

看來還不行，得把這些泥柱固定起來。

畢昇想到了松香和蠟。

他將這兩種物質塗在鐵板上，接著才放下泥柱。

下一步，他將鐵板的背面用火去炙烤，直烤到松香和蠟熔化，這樣泥柱就能被固定了。畢昇在做完這一切後又試了一次，發現此方法非常好用，他就將那些刻在泥柱上的字稱為「活字」，並決定多刻些活字來排版。

就這樣，他的印刷速度變得驚人，讓所有人都驚奇不已。

畢昇沒有隱瞞自己的發明，他將活字印刷術一五一十地告訴了大家。

作坊主聽後大讚畢昇聰明，並任命畢昇為印刷坊裡的主管。

畢昇當上負責人後，他創立了一個工作流程：讓兩個工人同時工作，其中一個負責印刷，另一個則負責排版，當第一個印刷完畢後，第二個排版的已經等在那裡了，這樣輪流安排，不僅時間能錯開，而且也不耽誤工作。

當一版排完後，只要把鐵板再用火烤熱，讓松香和蠟熔化，活字就能順利被取下來了，所以可以重複使用。

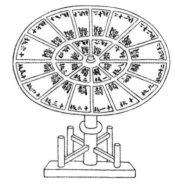

活字印刷術對古代的文明發展有著巨大貢獻，自此以後，人們出版書籍的速度和效率大大提高，這都得感謝畢昇的「投機取巧」。

元朝王禎著作《農書》裡所繪的印刷活字盤。

【Tips】

對印刷業產生革命性推動作用的，不是畢昇的泥活字，而是德國人谷登堡發明的金屬活字。谷登堡是鉛活字印刷的發明者，在西元一四五〇年前後用所製活字字模澆鑄鉛活字，排版印刷了《四十二行聖經》等書，為現代金屬活字印刷術奠定了基礎。不僅如此，他還根據壓印原理製成木質印刷機械以代替手工印刷。

81

蹺蹺板上的啟示
妙除尷尬的聽診器

在影片中，外科醫生經常以胸前掛一副聽診器的模樣示人，可見聽診器在人們心目中的權威性。

聽診器是一種能夠探聽人們身體機能的工具，它只需輕輕接觸人們的體表，就能得知健康狀況，非常神奇。

如此簡單而有效的玩意兒，是怎麼得來的呢？

說到聽診器最初的發明，還要牽扯上另一種玩具，那就是蹺蹺板。

在十八世紀末的一個九月，一位名叫勒內·雷奈克的醫師正漫步在羅浮宮廣場上。

雷奈克從小身體不好，需要多曬曬太陽，在之前的十幾年時間裡，他無數次來到羅浮宮廣場，但心情都是沉重的，因為沒有醫院肯聘用他。

眼下時來運轉，一位朋友剛升任內政部長，於是動用關係將雷奈克調進了巴黎的一家醫院，總算讓其脫離了困境。

人逢喜事精神爽，雷奈克第一次舒心地在廣場上閒逛，他四處張望，長久苦悶的臉上洋溢著喜悅的神情。

當他走到一個角落裡時，看到幾個孩子正在興高采烈地玩蹺蹺板。

雷奈克想起了自己漂泊的童年，不由得對孩童的嬉鬧有點羨慕，他饒有興趣地站在一旁，欣賞著這一幕天真的畫面。

後來，孩子們玩膩了，他們換了一種玩法——在蹺蹺板的一端，一個孩子將耳朵貼在木板上，這時另一個孩子則用釘子去刮擦蹺蹺板的另一端。

一旦負責刮木板的孩子使用了釘子，另一個負責聽的孩子會立即驚叫起來：「我聽到了你的動作！」

孩童天真無邪的笑容感染了雷奈克，他先是興致勃勃地看了一會兒，隨後便陷入了沉思中。

隔著木頭去聽聲音，竟然能聽得更清楚，這要是運用到醫學上，該是多好的一件事啊！雷奈克在心中暗忖。

從此，蹺蹺板的事情就在雷奈克的心中種下了根，不時地就會被他想起。

過後不久，一個貴族姑娘來找雷奈克看病，她說自己的呼吸有些困難，喉嚨還有些發炎。

按照慣例，雷奈克應該把耳朵貼在姑娘的胸口，聽聽她的心肺是否正常。

可是，這位姑娘長得比較圓潤，只怕光用耳朵聽效果不佳，而且雷奈克見姑娘如此年輕，他也有點不好意思，不敢貿然就去靠近姑娘。

這樣一來，雙方都很尷尬，不知該如何是好。

突然，雷奈克想到了蹺蹺板，便產生了一個奇特的想法：如果我用一個傳聲筒去聽病人的心跳，是否能更加清晰呢？

「醫生，請問我還要等多久？」姑娘侷促不安地扯著手絹。

「快了，馬上！」雷奈克示意病人稍安勿躁。

他隨後將一疊紙捲成筒狀，然後將紙筒的一端貼在姑娘的胸口上。

姑娘很驚奇，她想問醫生在做什麼，但看到雷奈克表情嚴肅，就不好意思問。這時，雷奈克將自己的耳朵貼在紙筒的另一端，結果，他聽到了心臟強烈的跳動聲，那聲音比他光用耳朵聽要清晰好多倍！

雷奈克激動得雙手都在顫抖。

當他為姑娘看完病後，他就開始製作一種新型的聽診工具。

他做了一根空心的木管，木管的一頭有很大的孔洞，被用於放在病人的胸部，另一頭則可被醫生使用。

這就是第一個聽診器的由來，不過當時雷奈克沒有想到這個名稱，他將自己的發明稱為「指揮棒」，因為這個玩意兒確實跟木棒差不多。

由於這項偉大的發明，雷奈克名聲大噪，甚至讓人們忘了他的另一項醫學成就——肝硬化的發現。

再往後，醫學家又相繼對雷奈克的聽診器做出改進，終於變成了如今的模樣。

【Tips】

是什麼原因讓雷內克醫生聽見的呢？原來聲音的發出是緣於物體的振動，然後透過空氣傳入耳朵。聲音在空氣中傳播時是向四面八方傳播的，雷內克用「聽診器」將聲音「聚集」在一起，聽起來的效果就好多了。

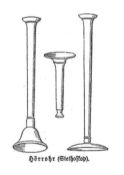

Hörrohr (Stethostop).

早期的聽診器

82

看，鳥兒在紙上跳躍

動畫是怎麼產生的

電影是如今頗受歡迎的娛樂項目，人們幾乎每天都在與它為伴，它用栩栩如生的動態畫面展現著絢爛多彩的生活，豐富了人們的精神世界。

稍懂影片動畫知識的人都知道，其實電影最基本單位仍是靜態的圖畫。

為何靜止的畫一拿到放映廳裡就會動起來呢？

這得歸功於一個人，他就是皮埃爾・代斯威格內斯。

其實在皮埃爾之前，法國人保羅・羅蓋特就發現了讓靜態畫動起來的現象。

西元一八一八年，保羅・羅蓋特為了哄兒子開心，就做了一個被木棍穿過中心的紙盤，他在盤子的一面畫了一隻鳥，然後跟兒子說：「快看，小鳥是不是很可愛？」

哪知兒子看了一眼紙上的鳥，仍舊啼哭不止：「不要！鳥又不會動！你幫我去捉真的鳥來！」

保羅很為難，他不擅長抓鳥啊！

無奈的他為了兒子開心，只好抓起網兜，去花園裡捕鳥。

儘管頭頂上就是嘰嘰喳喳的麻雀，可是保羅東奔西走了一兩個鐘頭，卻始終沒能捕到哪怕是鳥的一根羽毛。

最終，他氣喘吁吁地坐在地上，盤算著該怎麼給兒子解釋。

他在畫著鳥的紙盤的另一面又畫了一個籠子，而後假裝嚴肅地告訴兒子：「你看，小鳥之所以不會動，是因為牠被關在籠子裡啦！」

兒子卻將紙盤子一扔，大叫道：「牠明明不在籠子裡，你騙人！」

保羅徹底沒辦法了，誰讓他水準有限，不會畫籠中鳥啊！

他只好把紙盤子撿了回來，思考著該怎麼給小鳥添上籠子。

他無意識地把盤子轉來轉去，由於轉的速度快了點，鳥兒居然出現在籠中！

保羅以為自己眼花了，他連忙翻來覆去地看手中的盤子，卻發現盤子並無兩樣，還是一面畫著鳥，一面畫著籠子。

「鳥兒怎麼會出現在籠子裡呢？」他嘀咕著，加速將盤子轉了起來。

立刻，剛才的一幕又映入他的眼簾，鳥兒又跑到籠子裡去了！

「天啊！太不可思議了！」保羅一邊轉，一邊驚嘆道。

在發現了這個魔法後，保羅又去哄他的兒子，這回他可以放心了，小傢伙破涕為笑，拿著紙盤玩得不亦樂乎。

儘管保羅發現了動畫的祕密，但他只將其做為逗孩子開心的一種方法，所以讓動畫的出現晚了幾十年。

西元一八六〇年，皮埃爾·代斯威格內斯在讀到保羅轉紙盤的故事時突發奇想：既然轉動能讓畫面動起來，那麼在一個圓筒上轉，和在一個紙片上轉，效果會一樣嗎？

他便做了一個圓筒，然後在圓筒的內壁上貼上幾幅內容連續的圖畫，再轉動圓筒，透過筒頂向筒內觀看，結果真的看到了令人吃驚的一幕。

他欣喜若狂，叫了很多親朋好友一起觀看。

　　當每一個人看完皮埃爾的圓筒動畫後，都吃驚得說不出話來，他們不明白，為何自己能看到連貫的畫面，就好像有人站在筒內表演一樣！

　　由於皮埃爾發明了圓筒旋轉留影技術，電影這門新興技術也隨之產生，人們有史以來第一次能用動畫方式將事件記錄下來，這代表了人類社會的一個重大飛躍。

【Tips】 ☰

　　時至今日，科學家們已經解釋出了動畫能動的原理：

　　原來，人眼在看到畫面後，大腦中會迅速做出分析，但是大腦的反應比視力要慢，當人眼在短時間內攝入太多畫面後，大腦就開始「偷懶」了，就認為這些畫面是運動的。

　　所以，電影攝影師會在一秒鐘內連續播放二十四幅畫面，這樣螢幕上就出現了跳動的場面，而電視則為三十幅畫面，因此電視不及電影來得清晰。

83

從百米高空安全落地
震驚世人的降落傘

人類從誕生之日起就渴望飛，渴望能像鳥兒一般在藍天自由翱翔。

後來，他們發現這個願望始終無法實現，就換了一種思路：能否從高空安全降落到地面，體驗一下向下飛翔的樂趣？

確實有人這麼做了，但他們不是被摔成了重傷，就是送了命，於是從高處往下跳就成了一個不可能完成的任務。

十七世紀，有位愛幻想的作家德‧馬爾茨寫了一本小說，其中有一部分內容是講述了一個犯人越獄的情景。

在作家的想像中，犯人抓著被單的四個角，從高塔上一躍而下，利用風的托力，成功降落在地。

十八世紀末，這本書被法國人盧諾爾曼看到了，頓時激發起濃厚的興趣。

盧諾爾曼看著天空那自由自在的鳥兒，心想：小鳥的體重和一顆蘋果差不多，牠們為什麼能飛起來呢？

中世紀法國的降落傘

他又看著被風吹捲上天的紙片，越發覺得作家的話是有道理的，風確實有一種無形的力量，它能把物品吹上天，為何不能助人在高處降落呢？

盧諾爾曼從此瘋狂地搜集一切有關安全著陸的資料，恰好有一個叫歐文的義大利囚犯用一把傘從高塔成功越獄，雖然歐文後來被抓獲，但此事卻給了盧諾爾曼極大的信心。

當親友得知盧諾爾曼要造一種能從高處落下的工具時，臉色都變得慘白無比，他們捂著胸口紛紛勸道：「別做傻事啊！丟了性命可怎麼辦呢？」

每當聽到這種話，盧諾爾曼就會微笑著回答：「放心吧！我的命大著呢！」

他始終不肯放棄自己的夢想。

在長期的實踐過程中，他發明傘狀物確實具備飄浮的功能，只是該如何製造一把那麼大的傘呢？

既然沒有那麼大的傘，就自己做一把吧！他想。

盧諾爾曼便開始縫製一塊特別大的布，由於怕布在空中破損，就使用了不易磨壞的帆布。當這塊布終於縫完後，他又用很多繩子縫在布的邊緣。

經過日夜努力，盧諾爾曼的「傘」完工了！他興奮地看著自己的勞動成果，內心又是激動又是緊張。

該是試驗這把傘功能的時候了！

盧諾爾曼決定到城中的高塔上試跳。

這個消息迅速傳遍整個巴黎，一些人非常震驚，另一些人則取笑盧諾爾曼是個大傻瓜。

無論人們的反應如何，都動搖不了盧諾爾曼的決心，他帶著自己那把巨大的「傘」站到了高塔的頂端。

　　由於塔確實很高，當盧諾爾曼往下望時，他的心頓時劇烈地跳動著，那一刻，他彷彿覺得自己抵達了地獄之門。

　　塔下聚集著密密麻麻的圍觀者，大家都想看看盧諾爾曼下一步的舉動。

　　盧諾爾曼儘管抱著必跳的決心，但他還是不敢太草率，先將一塊石頭綁在「傘」上，然後將石頭和「傘」一齊拋出。

　　當下面的人看見一個東西從塔頂跳下來時，都尖叫起來，他們以為盧諾爾曼跳塔了！

　　過了一會兒，大家才看到綁著石頭的「傘」緩緩地落到草坪上，不由得鬆了一口氣。

　　盧諾爾曼在驗證了「傘」的安全性後，信心倍增，親自抓住傘繩，閉上眼睛，自塔頂咬牙向外一躍！

　　「又跳了！又跳了！」大家再度叫起來：「這回是人！」

　　此時，盧諾爾曼的母親再也承受不住緊張的情緒，一下子暈厥過去。

　　當盧諾爾曼的雙腳騰空後，他反而不那麼害怕了，他睜開眼，發現自己下降的速度一點也不快，而風聲在他耳邊呼呼地吹著，吹得他心裡十分舒服。

　　幾分鐘之後，盧諾爾曼晃晃悠悠地飄到了地面上，人們頓時報以熱烈的掌聲，一齊將盧諾爾曼抬起，慶祝這一偉大時刻。

　　後來，大家就將盧諾爾曼的傘命名為「降落傘」。

二十世紀後，由於科技的進步，降落傘的材質和形狀都有了飛速發展，它也越發成為了人們的重要器材。

84
幾番走投無路的瓦特
蒸汽機的改進

瓦特被譽為「蒸汽機之父」，因為他發明了工業時代的代表工具——蒸汽機，因而受到了經濟學家的熱烈捧場。

發明家瓦特

但事實上，瓦特的生活並沒有人們想像得那麼光鮮亮麗，在發明蒸汽機之前，他屢次差點陷入絕境，還好天佑良才，最終得以度過難關。

瓦特出生於英國的格里諾克鎮，他的故鄉距離以造船業聞名的格拉斯哥城很近，所以他的祖輩都是機械工和造船工。

瓦特生性好奇，求知慾旺盛，可惜的是，他的家境實在太貧窮了，無法供養他讀書。

當瓦特到了讀書的年紀，他只能眼巴巴地看著別的孩子興高采烈地去學校，而自己只能落寞地守在家裡。

他非常痛苦，希望家人能改變主意，誰知父親卻對他說：「我和你叔叔也沒讀過書，現在不也過得很好嗎？」

瓦特閉著嘴，淚眼汪汪地沉默著。

某一天，大人們都出門去了，留下瓦特一個人看家。

瓦特想喝水，就用水壺灌滿了水，放到煤爐上去燒。

他等了一會兒，聽到水壺「呼呼」地響著，以為水開了，就跑去看。

誰知水並沒有開，他只好又返身回去擺弄父親的鉗子。

瓦特不停地翻看父親的工具，逐漸入了迷，也就忘了爐子上的水壺，等他終於想起來之後，壺裡的水只剩一半了。

瓦特慌忙衝到水壺面前，這時他發現了一個奇特的現象：原本被蓋得嚴嚴實實的壺蓋眼下被白白的蒸汽頂得亂跳，彷彿它是一片輕薄的羽毛似的。

「蒸汽的力氣好大呀！」瓦特驚訝地說。

十八歲那年，他首次出門，去城裡學手藝，三年後，他有幸來到格拉斯哥大學當實驗員，負責製作和修理實驗器材。

由於從未讀過書，瓦特對自己能在大學裡工作特別開心，他捨不得放棄這個千載難逢的好機會，所以一有空就去找教授請教問題，還利用業餘時間自學德語和義大利語，幾年後，他的學問大有長進。

二十七歲那年，一位蘇格蘭鐵匠將自己造的一臺蒸汽機送入格拉斯哥大學維修，瓦特在經過仔細檢查後發現，這臺機器的問題太多，即便修好也會耗費大量的燃料，而且產生的動力也不夠，只能被用於抽水和灌溉。

此時，小時候壺蓋被蒸汽頂得動起來的情景又在他腦海裡浮現，瓦特覺得蒸汽的能量一定很大，一定可以產生更大的作用。

他決定要改造現有的蒸汽機，便四處向人借錢。

在當時，造一臺蒸汽機要花費幾千英鎊，而瓦特的薪水一年才三十五

英鎊，如果瓦特找不到投資人，他是無法進行科學實驗的。

幸好瓦特有個開煉鐵廠和煤廠的朋友，叫羅巴克，他對瓦特所說的蒸汽機很感興趣，願意出資相助。

於是，瓦特將全部精力投入蒸汽機的製造中，他不停地工作，每天都揮汗如雨，讓自己看起來像一個作坊裡的鐵匠。

很快，第二道難關來了。

瓦特要申請蒸汽機的專利得需要國會的認可，但相關程序非常繁瑣，且費用驚人，與此同時，羅巴克的資金也出現了問題，瓦特不得不兼職做運河測量員，這份工作他一做就是八年。

八年後，羅巴克宣告破產，這樣一來，蒸汽機的製造資金就徹底斷了，瓦特陷入了一籌莫展的境地。

好在羅巴克實在夠義氣，他叫瓦特不要放棄希望，同時他仍在為瓦特的事情四處奔走。

終於，羅巴克帶回來一個好消息：一個叫馬修‧博爾頓的鐵器製造商願意成為瓦特新的資助人。

儘管博爾頓提出要分蒸汽機三分之二的專利權，瓦特還是欣喜地同意了。

西元一七七六年，瓦特終於製成了世界上的第一臺擁有分離冷凝器的蒸汽機，這臺機器比以往的蒸汽機要足足節省四分之三的燃料！

瓦特並不滿足於此，他繼續對蒸汽機進行了一系列改造。

最終，這個屢次遭遇困境的工程師開了一家專門製造蒸汽機的公司，並讓蒸汽機成為在輪船、火車上廣泛運用的機器。

由於瓦特的貢獻，到了十九世紀三〇年代，轟轟烈烈的蒸汽時代在歐美拉開了序幕。

【Tips】

　　世界上第一臺蒸汽機是由古希臘數學家亞歷山大港的希羅於西元一世紀發明的汽轉球，它比工業革命早了兩千年，但它只不過是個雛形而已。約西元一六七九年法國物理學家鄧尼斯‧巴本在觀察蒸汽冒出他的壓力鍋後製造了第一臺蒸汽機的工作模型。而本篇故事的主角瓦特，所做的貢獻是改良了蒸汽機。

85

讓美軍反敗為勝的「海龜」

潛水艇

　　神祕莫測的海底，不易為人類所征服，因而變成人類最想探索的地方之一。

　　數千年來，人們都想去海底一覽勝境，卻無數次鎩羽而歸，這是為什麼呢？

　　原來，在暗無天日的海底，不僅具有強大的水壓，溫度也是低到不適合人類停留。

　　有一些人製造了所謂的潛水器，但下潛的深度還不如人類潛水的深度，所以一直到十八世紀，世界上還是沒有出現一種可真正被用於海底潛水的工具。

　　到了十八世紀下半葉，美國展開了熱火朝天的獨立運動，其殖民者——英國政府為此大動肝火，派了很多軍艦來鎮壓美軍。

　　在當時，英國的軍隊實力想要跟還剛起步的美國相比，簡直是綽綽有餘。

　　況且，英國的海軍力量十分強大，英國政府也知道自己的優勢，就將主戰場放在了海面上。

　　一時間，北美東部沿海被震耳欲聾的炮聲和喊殺聲所覆蓋，在長達三年的時間裡，海水都快被鮮血給染紅了。

英國人的艦隊實在厲害，將美軍打得毫無還手之力，美國士兵們都怒不可遏，恨不得跳下海，用手雷將英艦炸個粉碎。

　　有個名叫達韋・布希內爾的士兵動起了腦筋：如果能製造一種新式武器，把敵人的艦隊炸飛，我們的危機就可以解除了。

　　那麼，這個武器該如何設計呢？

　　布希內爾苦思冥想，可是武器製造畢竟是個大工程，哪能那麼快想出來呢？

　　「夥計，怎麼整天愁眉苦臉的？不要喪氣，我們很快就會贏的！」戰友們鼓勵著布希內爾。

　　布希內爾見大家會錯了意，連忙微微一笑，說：「我不是擔心我們打不贏，我是在想怎麼快點擊退英國人！」

　　戰友拍了拍布希內爾的肩膀，安慰道：「你這麼一想，英國人就敗了？別傷腦筋了，我們去海灘上散散步吧！」

　　於是，布希內爾就與戰友來到了瀕臨城鎮的一處沙灘，這裡距戰場比較遠，可以放心地在沙灘上看夕陽。

　　布希內爾信步走到海邊的幾塊礁石旁邊，石頭將碧綠的海水圍成了一個深潭，相較礁石外側洶湧的海浪，潭水平靜了很多。

　　這時，潭裡的兩條魚吸引了布希內爾的注意。

　　只見一條小魚悠閒自得地游來游去，絲毫沒有留意在牠的身下潛伏著一條大魚。

　　突然，大魚張大嘴，一口將小魚吞進肚裡，整個過程在電光火石之間就結束了。

布希內爾猛地一拍腦袋，對戰友們說：「我們造一艘船藏在敵人的軍艦底下，然後藉機去安放水雷，就可以把敵人炸得粉身碎骨！」

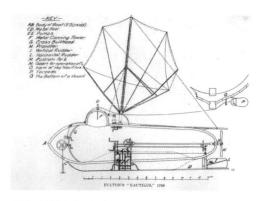

最初的潛水艇設計圖

戰友們還第一次聽到這種主意，不由得興奮異常，紛紛獻計獻策，要為布希內爾的船出一份力。

過了一些天，在大家的努力下，船終於造好了。

這艘船長得頗像一隻大海龜，不過它能潛伏到海底較深的地方，對付海面上的軍艦應該沒有問題。

布希內爾決定立即發動進攻。

在一個月黑風高的晚上，美國士兵開著「海龜」進入了水下，他們悄悄地向著英艦進發。

一開始，英國人並未察覺到美軍的進犯，當「海龜」幾乎就要來到英艦的船底時，美軍沒有把船駕駛好，不小心碰到了英國人的艦船。

英軍立刻發現了敵人，他們拉響了警報，並打算發射水雷。

布希內爾一看大事不妙，便決定先發制人，對準英艦發射了數枚魚雷。

一瞬間，英艦上的爆炸聲不斷，艦隊上的英國士兵紛紛跳海逃生。

其他英艦到處尋找敵人，卻沒有發現美軍的任何蹤跡，不由得心驚膽顫，以為有天神在相助敵軍。

過了幾天，英國人才知道美軍有一種可以潛到水裡的厲害武器，就再也不敢耀武揚威了，而因戰爭誕生的潛水艇便開始出現在民眾的視野中，在以後的日子裡為戰爭勝利做出了很多貢獻。

【Tips】

　　潛水艇最早可追溯到十五～十六世紀的李奧納多·達文西。據說他曾構思「可以水下航行的船」，但這種能力向來被視為「邪惡的」，所以他沒有畫出設計圖。直到第一次世界大戰前夕，潛水艇仍被當成「非紳士風度」的武器，其被俘艇員可能被以海盜論處。

86 愛玩火的好奇兄弟

熱氣球的發明

在人類歷史上，法國可能是最喜歡「飛」的民族，他們發明了降落傘，也發明了熱氣球。

西元一七八二年，一位名叫約瑟夫─蜜雪兒‧孟戈菲的法國造紙商發現了一個奇特的現象：當他把需要處理的廢紙撕成碎屑，然後扔到火爐裡時，那些碎紙屑往往會在繚繞的煙霧中騰空升起，彷彿有一隻手在托著它們一樣。

約瑟夫很驚訝，便嘗試著不撕碎紙，而將整張紙投入火中。

這一次，紙並沒有飛起來。

約瑟夫心中起了疑問，難道說紙一定要小一點才能升空嗎？

後來他又想：如果我不用紙，用布，是不是也能在火上飛呢？

被好奇心驅使的約瑟夫抓起手邊的一件綢緞襯衫，連想都沒想，就用剪刀在這件昂貴的衣服上剪了幾個大洞。

他把剪下來的布料縫成了一個內部藏著空氣的立方體，然後小心翼翼地投到火堆上。

慶幸的是，綢布在還未被火燒著的時候就已經升了空，然後越升越高，竟然飛過了約瑟夫的頭頂，撞到了天花板上。

「哈哈，火可真是個好東西！」約瑟夫興致勃勃地說著。

過了一個月，他去見自己的弟弟雅克—艾蒂安・孟戈菲，因為覺得有趣，約瑟夫就把自己的發現告訴了雅克。

　　孰料雅克對此很感興趣，他當即要和哥哥再做一次類似的實驗。

　　約瑟夫很樂意有人跟自己一起分享新奇的事物，他便又做了一個綢布立方體，然後把布料放到爐火之上。

　　當約瑟夫鬆手的一剎那，綢布冉冉升起，居然升到了三十米高的高空。

　　這下，約瑟夫驚訝地合不攏嘴，而雅克則疑惑地問他：「你說綢布是因為什麼原因而飛得這麼高的呢？」

　　這個問題約瑟夫從未想過，他思考了一會兒，不確定地說：「是火嗎？」

　　「我覺得不是，應該是煙。」雅克說，他指著火爐上散發出的嫋嫋青煙，繼續說道，「你看，煙從火中冒出來後，就一直往天上升，說明它具有往上的力量，所以綢布自然就靠著它騰空了！」

　　雅克的邏輯征服了約瑟夫，兄弟二人一致以為煙才是物體升空的關鍵因素，他們又開始實驗，但不同以往，他們用濕草和羊毛做燃料，這樣就能製造出大量的煙霧來了。

　　兄弟二人煽風點火，把整個屋子弄得烏煙瘴氣，而他們在煙裡進行的實驗也並沒有太大的驚喜，因為碎紙屑和布料依舊只能飛到跟往常一樣的高度。

　　「這是怎麼回事，難道不是煙的作用？」雅克好奇地說。

　　「也許只要有一個火堆，輕一點的物品就能被送上天。」約瑟夫猜測

道。

既然發現了使物體飛上天的祕密，兄弟倆就決定造一個能在天空自由翔翔的玩意兒，他們還興奮地想，如果這玩意兒能裝人，人類豈不是就可以在天上飛翔了嗎？

可是這玩意兒該造成什麼樣子的呢？

兄弟倆一時沒有好主意，只好暫時將發明的事情擱置下來。

有一天，他們在馬路上看到一個小孩為丟了一個氣球而哭泣，才恍然大悟：他們可以做一個氣球，然後在氣球的下方連上一個火堆，如此搭配在一起，氣球就可以越飛越高了。

孟戈菲兄弟的動手能力很強，他們用紙糊了一個三立方公尺的氣球。

結果，實驗大獲成功，可是孟戈菲兄弟並不滿足，他們覺得這個氣球還可以再大一點，否則人是無法坐進去的。

一眨眼，四個月過去了，孟戈菲兄弟的熱氣球也做好了，這一回，他們用的材料是混合著棉布的薄紙，所以氣球比以往的任何實驗品都要重，竟達到兩百二十五公斤，體積也有八百立方公尺。

當兄弟倆抬著這個龐然大物試飛時，心中都沒有底，不過現實卻沒有令他們失望：氣球飛到了一千公尺的高空！

所有圍觀的群眾都目瞪口呆，對孟戈菲兄弟報之以熱烈的掌聲。

一個議員建議道：「你們為什麼不上報巴黎科學院呢？那樣的話科學院會給你們很多資助。」

孟戈菲兄弟覺得議員的話很有道理，三個月後，他們攜帶著熱氣球來到了法國王室的住所——凡爾賽宮的花園裡。

在法國國王路易十六的面前，孟戈菲兄弟將一隻羊、一隻鴨、一隻公雞送進熱氣球的竹籃裡，然後看著熱氣球緩緩離開地面。

這次當眾實驗持續了八分鐘，三隻驚嚇過度的動物安全地降落在了地面上，圍觀的群眾齊聲喝彩，國王也非常高興，還將乘坐氣球的羊送進王宮的動物園內，讓牠每日接受貴族待遇。

在一切都很成功的前提下，兩個月後，孟戈菲兄弟終於決定親自乘坐熱氣球，在高空體驗一下心跳的感覺。

他們選擇了巴黎西部的布洛涅林園為起飛地點，而後，兩人在空中待了二十五分鐘，最終安全著地。

這是人類歷史上的第一次飛行紀錄，甚至比萊特兄弟的首次飛行還要早了一百五十年。由於孟戈菲兄弟的不懈努力，熱氣球一度成為時髦的出行工具，如今，它又演變為一種娛樂項目，依舊在為人類的飛行夢而盡力地服務著。

【Tips】

　　熱氣球由中國人發明，稱為天燈，約在西元二世紀或三世紀被發明，用來傳遞軍事信號。知名學者李約瑟也指出，西元一二四一年蒙古人曾經在李格尼茲（Liegnitz）戰役中，使用過龍形天燈傳遞信號。而歐洲人至西元一七八三年才向空中釋放第一個內充熱空氣的氣球。

西元一七八六年的熱氣球

87

把聲音留住的奇怪機器
第一臺留聲機的出現

愛迪生是美國的大發明家，他發明了很多東西，擁有上千個專利，因此在人們心目中，他是一位真正的偉人。

雖說在成年後，愛迪生的事業非常輝煌，但在童年時，他卻是個不折不扣的苦孩子，為了賺錢而去列車上賣報紙，結果被列車長兇狠地打了一記耳光，一隻耳朵都被打聾了。

後來，愛迪生的聽力就一直不怎麼好，這給他的工作帶來了不少麻煩。

誰知，塞翁失馬，焉知非福，有些壞事在特定時期居然也能成為一樁好事。

有一次，當他在調試送話器時，由於他的耳朵無法敏感地探聽到傳話膜的振動，他就用了一根銀針來測試。

他原本的想法是這樣：如果傳話膜有動靜，針就會顫動，這樣他就無需試聽便能得知實驗的變化了。

於是，愛迪生就目不轉睛地盯著那根針，觀察著它的狀態。

很快，他發現了一個規律：當聲音變大時，針的顫動程度就會增大；而當聲音趨向無聲時，針也會逐漸恢復平靜。

出於發明家的直覺，他立刻轉變思維，想了一個其他人想不到的方

法：如果使針顫動，就可以反過來復原聲音，而針顫動的強弱程度就記錄了音量的大小。所以，貝爾雖然發明了電話，但是貯存聲音的技術，卻需要他愛迪生發明出來！

愛迪生覺得自己的這個想法是另類的，所以他很激動，執意要用最快的時間把存聲音的機器製造出來。

跟愛迪生共事過的人都知道，這位大發明家工作時的認真態度是無人可比的。

當時正好是炎熱的七月，不僅高溫難耐，蚊蟲也很猖獗，可是愛迪生卻毫不在乎，他一筆一劃地在紙上勾勒著，僅僅用了四天時間就將留聲機的初稿給設計了出來。

愛迪生認為，錄聲音的第一步，是需要把聲音收集起來。

於是，他在聽話筒上裝了一個喇叭，利用喇叭將聲音送到聽話筒的振動板上。

第二步，就是讓聲音產生振動。

接下來第三步，是讓這種振動保存下來。

他在振動板的中央裝了一根鋼針，又在留聲機上裝了一個鋪有紙帶的可旋轉金屬圓筒。

當他一邊搖動留聲機底部的手柄時，圓筒就會一邊自轉一邊移動，於是，鋼針跟隨振動板的振動強弱而發出相應的顫動，並在塗有石蠟的紙帶上畫出深淺不一的溝槽，最終，聲音被記錄了下來。

如果有人想重新聽一遍所錄的聲音，依據上述原理，所要做的程序很簡單，即緩緩搖動手柄，讓聲音從喇叭口出來就行。

愛迪生對自己的創意很滿意，他立即將圖紙交給助手克瑞西，並向對方炫耀道：「你可別小看它，這可是會說話的機器哦！」

克瑞西好奇地看著圖紙，儘管沒有看懂，但他覺得做為一個資深的發明家，愛迪生的話肯定沒錯。

於是，他興沖沖地去找工程師製作留聲機。

結果，工程師們對愛迪生的話不以為然，他們傳閱著圖紙，嘴裡不時取笑道：「就這麼個怪玩意兒，還想記錄聲音，癡心妄想吧！」

然而，不管怎麼說，愛迪生的留聲機在一個月不到的時間裡還是做好了。

在拿到留聲機的當天，愛迪生得意洋洋地請來一群親朋好友，並把眾人召集到一個小房間。

在房間的中央，盤踞著一個黑色的大怪物，它由大圓筒、傳話機、膜板和曲柄組成，形狀很滑稽。

愛迪生示意人們安靜，然後他搖動曲柄，唱起了一首《瑪麗的山羊》：「瑪麗有隻小山羊，雪球似的一身毛……」

大家驚訝地看著愛迪生表演，大氣也不敢出一下。

當愛迪生唱完歌曲，他把振動板上的銅針又放回原位，然後再次輕輕地搖動曲柄。

奇蹟發生了！

只聽見留聲機傳出了歌聲：「瑪麗有隻小山羊，雪球似的一身毛……」

這聲音完全就是愛迪生的翻版，人們這才相信留聲機確實有記錄聲音的功能。

很快，愛迪生發明留聲機的事情傳遍全城，媒體甚至給他封了一個雅號——「科學界的拿破崙」。

從此，留聲機走向了世界，這是人類歷史上最早的錄音器材，而後人們根據愛迪生的理論，又陸續發明了更先進的錄音裝置，讓聲音的還原早已不再是一個傳說。

愛迪生與他所發明的早期留聲機

【Tips】

西元一八七八年四月二十四日，愛迪生留聲機公司在紐約百老匯大街成立，並開始銷售業務。他們將這種留機和用錫箔製成的很多圓筒唱片配合起來，出租給街頭藝人。

最早的家用留聲機，是西元一八七八年生產的愛迪遜・帕拉牌留聲機，每臺售價十美元。

88
數千次的努力只為那一刻
愛迪生與電燈

　　說到電器，人們會聯想到許多物品，如今科技發達，各種家用電器的更新換代異常頻繁，但有一樣極為簡單的電器，哪怕它十年如一日地不變化，人們也依舊趨之若鶩。

　　那就是愛迪生發明的電燈。

　　電燈誕生於十九世紀，在它出現之前，人們只能用煤油燈、蠟燭來照明，這些工具不僅不夠亮，而且極易引發火災，所以一到晚上，大家都很頭痛。

　　愛迪生對電流知識爛熟於心，在他出生的年代，法拉第發現的電磁學原理，為電器的製造提供了可能。

　　這時，一個想法便在愛迪生心頭升起：電流可以發光，為何不用它來製作電燈呢？而且電燈造好後，發電機還可以源源不斷地為它製造電流，不是很方便嗎？

　　其實在愛迪生之前，法拉第也嘗試製造電燈，可是他做出來的燈光線十分刺眼，而且耗電量驚人，用不了多久就報廢了，所以不能被

愛迪生的門洛派克實驗室

用於日常生活。

愛迪生決心造出一種既耐用又光線柔和的電燈，他要讓每個人的家裡都裝上自己的發明。

於是，他認真總結了前人的失敗經驗，然後將發光耐熱的材料細分，這一分可不得了，竟然分出了一千六百種類型！

這麼多材料，到底哪一種才是對的呢？萬一都失敗了，那心血不就全白費了嗎？

面對挑戰，愛迪生沒有退卻，他開始將一千六百種材料一個一個地進行實驗，發現一般的金屬材料在通電後往往撐不了多久就會斷裂，只有白金這一種材料性能好一點。

可是他如果用白金做為電燈的燈絲，老百姓還用得起電燈嗎？

愛迪生思量再三，決定放棄白金。

就在他接二連三地失敗時，一些風言風語也傳到了他的耳朵裡。

那些卑鄙的人在他耳邊不斷地嘲笑：「根本就是無意義的研究，還做得那麼起勁，真是精神病！」

甚至連記者也加入了打擊愛迪生的隊伍：「愛迪生的心血已化為泡影！」

愛迪生沒有氣餒，他堅決不去理會外界的眼光，因為他知道，自己肯定是對的！在接下來的日子裡，他一共試用了六千多種材料，經歷了七千多次實驗，結果都無一例外地失敗了。

有一天，愛迪生的一位朋友來看他，在得知愛迪生的困境後，朋友捋著長長的鬍鬚，開玩笑地說：「你為什麼非得找金屬材料呢？其他材料有

沒有找找看？」

這句話點醒了愛迪生，他盯著老友下巴上的長鬍子，突然來了靈感，請求道：「能把你的鬍子剪下一截給我嗎？我來看看行不行。」

老友怔了一下，隨即很高興地把鬍子給了愛迪生。

非常可惜，鬍子並不管用。

愛迪生遺憾地搖搖頭，為自己耽擱了好友很長時間而感到抱歉。

誰知這位朋友居然不肯放棄，主動說：「要不你用用我的頭髮，看看效果如何？」

愛迪生沒想到好友居然這麼支持自己，頓時感動不已，然而頭髮和鬍鬚的主要組成部分差不多，所以沒有試驗的必要。

他的朋友只好穿上外套準備回家。

忽然，愛迪生的眼睛亮了，他注視著好友的棉衣，叫起來：「你能給我一片你的衣服嗎？」

好友很大方，爽快地剪下衣服的一角，將棉布遞給愛迪生，然後告辭離去。愛迪生在送走好友後，又投入了緊張的工作中。

他將棉線從棉布中扯出，然後使其炭化，裝入燈泡中。

接著，他的助手將燈泡裡的空氣抽乾淨，再將燈泡安裝在通電的燈座上。此時已經夜幕降臨，但大家都沒有心思吃飯，而是聚精會神地盯著發光的燈泡看。

在眾人緊張的目光裡，這個燈泡居然足足撐了四十五個鐘頭！這絕對是人類歷史上的奇蹟！

後來，這一天，也就是西元一八七九年的十月二十一日，就被人們訂

為了電燈發明日。不過，愛迪生並不滿足，他還要讓燈泡亮的時間更長，達到幾百小時、幾千小時！

他又開始了新一輪的尋找，終於找到了竹絲，他將竹絲炭化，結果讓燈泡持續發亮的時間達到了一千兩百小時。

從此，燈泡就步入了萬千用戶的家庭，愛迪生的願望總算是實現了。

到了西元一九〇九年，美國人庫利奇又發現用鎢絲做燈絲，能使電燈的使用壽命更長，於是人們再也不用為黑暗而擔心了，那晚間大地上的一盞盞光亮，都是愛迪生等發明家的心血和結晶啊！

【Tips】

西元一八五四年，美國人亨利・戈培爾使用一根炭化的竹絲，放在真空的玻璃瓶下，然後通上電源發光。他的發明是首個實際的白熾電燈，但是並沒有申請專利。西元一八五八年，英國人約瑟夫・威爾森・斯旺製成了世界上第一個碳絲電燈，但價格昂貴，普通老百姓用不起。西元一八七九年，美國發明家愛迪生透過長期的反覆試驗，終於點燃了世界上第一盞實用型電燈。

89
一個畫家的奇思妙想
風馳電掣的電報

在近代史上，有一樣通訊工具對人類社會立下了汗馬功勞，沒有它，戰爭就打不起來，工業生產也無法進行，人類的基本交流也會受到很大的阻礙。

它就是電報，曾經家喻戶曉的交流工具。

在電報還未產生的年代，分隔兩地的人想溝通，唯有寫信這一個辦法。

可是就算用最快的交通工具，信件也得過幾日才能送到，如果遇到什麼緊急情況，還是不夠快捷。

或許有人說，可以用電話啊？

可是，直到電報被發明之時，電話還沒有出現呢！

早在西元一七五三年的年初，有一個蘇格蘭人就提出了一個大膽的設想，說人類可以利用電流來通信。

當時的技術不夠先進，人們無法想像電流怎麼可以轉化成聲音，於是這個想法就成了天方夜譚，供大家在茶餘飯後聊一聊打發一下時間。

四十年後，一對叫查佩的兄弟在法國的兩個城市之間架設了一條所謂的「資訊傳送線路」，這條長度達到兩百三十公里的電路據說可以將資訊從巴黎傳送到里爾。

可是製造資訊的工具都沒有，光有鍋沒有米做飯怎麼行呢？

又過了四十年，俄國一名叫希林格的科學家受奧斯特電磁感應理論的啟發，做了一臺編碼式電報機，這臺機器用八根電線與電源相連，且被證實能夠傳送資訊，讓當時的人們為之歡呼雀躍。

但是，希林格的這臺機器電線太多，使用起來很不方便，而且仍舊不能在極短的時間內傳遞資訊，所以不能被廣泛地用於實踐中。

一切似乎停滯了下來，電報機的發明毫無進展，人們開始懷疑這個工具到底是否能夠實現快速交流的功能。

事實證明，科技是不會因為一時的失敗而停滯不前的，當一件新興事物開始萌芽，必然會有一個人將其發揚光大。

只是這一次，上帝居然將電報的命運交到了一個畫家手裡。

該畫家就是來自美國的莫爾斯。

就在希林格發明電報機那年，莫爾斯碰巧在歐洲遊學，因而接觸到了電報這個新鮮的事物。

他立刻產生了興趣，開始奔跑於各大圖書館，研究電流的各種原理。

其實，莫爾斯的夢想是當一名世界頂級的大畫家，但他對電流的熱情卻如夏日的驕陽一般熾熱難擋，連他自己都覺得很神奇。

莫爾斯用了三年時間製作出一臺電報機，而後他又在兩年內不斷完善著他的發明。

他的設計比希林格要簡單很多，在電報機上沒有那麼多電線，而且操作也很簡單。

只是，一個巨大的問題依舊橫亙在他面前：如何把電報發出去的電流

和人類語言相互轉換，且能使大部分人聽懂呢？

莫爾斯日思夜想，他拿起畫筆，開始在畫板上畫出一個又一個符號。

最終，他想明白了：電流是有語言的，它的語言就是火花！電流接通，語言是火花；電流斷裂，語言是沒有火花；電流持續不通時，語言就是沒有火花的時長！

後來，他把這種想法變成了電流的「通」、「斷」和「長斷」，發明出了舉世聞名的莫爾斯電碼。

一八四三年對莫爾斯來說是個意義非凡的一年，他得到了國會贊助的三萬美元資金，並在華盛頓和巴爾的摩之間修築了一條長達六十四‧四公里的線路。

很快，莫爾斯要發明快速通訊工具的消息吸引了全世界的目光，而他也在第二年的五月被邀請到美國國會，進行第一次電報實驗。

在實驗當天，華盛頓的國會裡座無虛席，莫爾斯的心臟跳動個不停，無數個可能的結局在他腦海中一閃而過。

「可以發報了！」主持人說道。

莫爾斯暗暗握了握拳頭，站起身，用顫抖的雙手在電報上摁出「滴滴」的聲音。

這是人類歷史上的第一份電報，內容取自《聖經》中的一句話：「上帝啊，祢創造了何等的奇蹟！」

莫爾斯的十幾年心血沒有白費，他成功了！雖然他沒有成為全球知名的畫家，但他卻因電報而在科學界享譽盛名。

電報開啟了電子通信時代的新紀元，雖然隨著電話，特別是網際網路

技術的興起，電報日漸衰落，但它在通信史上的地位依舊舉足輕重高，不會輕易被人們所遺忘。

⑨⓪ 一塊小鐵片的神奇功效
貝爾發明電話

在人類文明出現之後，即時通訊一直是人們的渴望，古人們想出了一些千奇百怪的東西，如傳送門、瞬息移動等，藉此來滿足日常生活中無法實現的願望。

十九世紀中期，莫爾斯發明了電報，第一次讓即時通訊成為可能。

但挑剔的人還是不滿意，因為電報發出去的是代碼，不是真正的人類語言，而且它傳遞的資訊很簡單，很多時候，人們準備了一肚子話，到發報時卻只能發出去簡單的幾個字，未免有點浪費感情。

電話的發明者貝爾

「如果我跟你說話，就像我們兩個在當面交談一樣，該有多好！」美國波士頓大學的教授亞歷山大·格拉漢姆·貝爾在信中這樣跟友人說。

貝爾出生於英國，當他還是個年輕人時，他就跟著父親在一家聾啞人的學校裡

教書。

　　他親眼目睹聾啞人學習知識的艱難處境，萌生出一個美好的夢想：發明一種機器，讓聾啞人能用眼睛來「讀」出聲音！

　　後來，這個理想由於實現起來難度太大，而被迫擱淺，但貝爾一直沒有放棄對聲音轉換技術的研究。他在成為教授後又開始對電報進行了研究，想製造出一臺一對多的電報機。

　　可是，每次要把電報代碼翻譯成語言真的好麻煩啊！難道就不能直接通話嗎？貝爾心想。

　　西元一八七五年的六月，貝爾與他的助手沃森在兩個不同的房間裡試驗新型電報機的功能。

　　貝爾的房間裡有一臺電報機，他不斷地在電報機上操作，那些代碼透過電線流入到沃森房間裡的數臺電報機上，然後沃森再跑到貝爾那裡，把他所接收到的情況告訴對方。

　　一對多電報的進展很迅速，每次貝爾剛發完電報，沃森就跑過來說，他房間裡的幾臺電報機都接收到了斷斷續續的資訊，也許再過一段時間，資訊的傳送就會變得流暢無比。

　　正當貝爾向著自己預定的目標前進時，一個意外卻發生了。

　　有一天，沃森正在等著貝爾發電報，突然之間，他發現一塊磁鐵黏在了一臺電報機的彈簧上。

　　沃森毫不猶豫地把磁鐵拉開，就在這個時候，他那臺電報機上的彈簧發生了震顫。

　　幾乎在同一時間，貝爾房間裡的電報機上，彈簧也莫名其妙地震顫了

一下，還伴隨著嘈雜的聲音。

貝爾迅速留意到這一點，立刻把沃森叫來，笑著問對方：「你剛才做了什麼？」

沃森丈二金剛摸不著頭腦，他想來想去，覺得自己沒做過什麼事情，就如實相告：「除了剛才碰了一下電報機的彈簧，其他沒做過。」

貝爾又驚又喜，揣測道：莫非是電流把聲音帶過來的？所以我在一塊小鐵片後面放上一塊電磁鐵，然後對著鐵片說話，使其產生振動，鐵片一定會在電磁鐵中產生電流，如果遠處也有一塊相同的裝置，電流是不是就可以把聲音傳遞過去呢？

「哈哈，沃森，我們的任務要改變了！」貝爾喜笑顏開地對助手說。

此後，貝爾和沃森就致力於電話的研究，儘管貝爾信誓旦旦地稱電話能夠代替電報，但沃森一直半信半疑。

有一次，貝爾不小心碰翻了桌上的一瓶硫酸，有一滴酸液濺到了他的手上，痛得他大聲喊叫：「沃森，你快過來，我需要你！」

有那麼一瞬間，遠在另一個房間的沃森簡直不敢相信自己的耳朵，因為他確實聽到了貝爾的聲音！

在怔了幾秒鐘之後，沃森飛快趕到貝爾的房間，向對方講述了這個好消息。

西元一八七六年，在貝爾與沃森的歡呼聲中，電話出爐。

從此，電話成為人們不可或缺的通信工具，直到今天，美國波士頓法院路的一棟房子上還釘著一塊銅牌，寫著：西元一八七五年六月二日，電話在這裡誕生。

　　美國國會在二〇〇二年六月十五日二百六十九號決議確認安東尼奧・穆齊為電話的發明人。穆齊於西元一八六〇年首次向公眾展示了他的發明，並在紐約的義大利語報紙上發表了關於這項發明的介紹。但是因為他家中貧困，西元一八七四年未能延長專利期限。貝爾於一八七六年三月申請了電話的專利權。

91

諾貝爾的冥想

如何讓炸藥有威力又安全

火藥是中國的四大發明之一，不過中國人製造的火藥威力比較小，到了近代，火藥的師弟、殺傷性更強的炸藥誕生了，它改變了戰爭的武器類型，讓人類世界從此處於熱兵器時代。

炸藥的主要原料是硝化甘油，這種物質的產生還要歸功於一位怕老婆的化學家。

在西元一八三九年，德國的舍恩拜趁妻子出門的時候在自家廚房做實驗，他正忙得不亦樂乎，忽然聽見門口傳來了不大不小的動靜。

舍恩拜非常害怕，以為妻子回了家，就想把實驗器材收起來。

誰知他在手忙腳亂之際，沒有收拾妥當，把一瓶硫酸和一瓶硝酸碰翻在地。

眼見兩種酸液開始腐蝕地面，並翻騰著白沫，發出「嘶嘶」的聲音，舍恩拜更加慌張，他拿起妻子的棉布圍裙就去擦地。

好不容易，地是擦乾淨了，

十世紀五代時期的敦煌壁畫，目前所知最早的關於火藥武器（右上方）的描繪。

圍裙卻髒了。

舍恩拜想快點將圍裙弄乾，他便將圍裙放到火爐上烘烤。

結果，火爐發出了一聲驚天動地的響聲，圍裙瞬間就被燒成了灰燼。

炸藥大王諾貝爾

這位懼內的科學家見妻子並沒有回來，膽子又大起來，他接連做了幾次相同的實驗，發現僅有硝酸的棉製品在高溫中確實會爆炸，於是，他便發明了可被用於製作爆炸物的硝棉。

後來，義大利人索佈雷羅受硝棉的啟發，用硝酸和硫酸去和甘油反應，結果得出了一種極容易爆炸的物質——硝化甘油。

索佈雷羅無法控制這種黃色的黏稠液體，他在自己的筆記中這樣寫道：「這種液體將來能做何種用途，只有將來的實驗能夠告訴我們。」

不過，年輕的阿爾弗雷德‧貝恩哈德‧諾貝爾在看到硝化甘油後，可不想再等到將來，他要馬上利用它！

諾貝爾知道硝化甘油極易爆炸，但他並不竭力阻止這種情況發生，相反，他還要讓爆炸來得更加輕而易舉。

他瞭解到只有在高溫情況下，硝化甘油才會迅速爆炸，於是他便用火藥引爆硝化甘油，從而製成了炸藥。

為了表揚諾貝爾，瑞典科學會還專門給他頒發了金質獎章。

發明炸藥的過程是極其危險且艱苦的，但炸藥被製出來後，如何保存

又成了一個新的難題。

有一次，諾貝爾在做實驗時不慎用刀割破了手指，他趕緊拿了一塊用來止血的硝棉膠貼在手上。

看著硝棉膠慢慢變紅，他突發靈感：為什麼不用硝棉膠來包裝炸藥呢？

原來，硝棉膠能吸收滲漏的硝化甘油，在一定程度上可以保障炸藥的安全性。

但是，此種方法並不能做到萬無一失，諾貝爾仍在尋求更好的解決之道。

沒過多久，機會終於來臨。

那是在一個寧靜的午後，由於怕弄髒實驗室，諾貝爾站在草地上給容器裡灌硝化甘油。

他一不小心，把容器給打翻了，黃色的硝化甘油迅速流進土壤裡。

「糟糕！」諾貝爾懊悔地喊了一聲。

誰知此次事件竟然讓他發現了苦苦尋覓的包裝良方。

土壤能夠吸收約等於自身體積三倍的硝化甘油，並且只要硝化甘油被土壤吸收，無論怎麼折騰它，只要不引爆就會絕對安全。

諾貝爾欣喜至極，他由此發明了黃色炸藥。

這種炸藥相對來說比較安全，無論怎麼刮擦，它都不會爆炸，即使子彈以很快的速度穿透它，它也毫無反應。

當諾貝爾發明安全型炸藥後，他便開始在歐美等國到處開設炸藥工廠，創建自己的炸藥帝國，並因此賺了很多錢。

後來，諾貝爾看到各國政府利用他的炸藥發動了無數次慘絕人寰的戰爭，不由得感到無限的悲哀，所以他設立了諾貝爾獎，並在該獎項中設立一個「世界和平獎」，以表彰為世界和平做出貢獻的人們。

【Tips】

　　諾貝爾獎包括金質獎章、證書和獎金支票，分為物理獎、化學獎、醫學獎、文學獎、和平獎、經濟學獎六項。頒獎儀式每年於諾貝爾逝世的那一天，也就是十二月十日頒發。其中諾貝爾獎頒獎典禮在瑞典、挪威兩個國家同時舉行。在挪威首都奧斯陸的市政廳，舉行諾貝爾和平獎頒獎典禮，其他所有獎項的頒獎典禮則在斯德哥爾摩音樂廳舉行。

92
一樁懸而未決的謎案
美俄的無線電之爭

在世界發明史上，有一樁謎案至今都沒有答案，那就是：無線電到底是誰先發明的？

歐美等國對此的回答是義大利人伽利爾摩・馬可尼，唯獨俄羅斯人不同意，因為他們國家的阿・斯・波波夫早在馬可尼之前就發明了無線電。

這到底是怎麼回事呢？

在十九世紀下半葉，波波夫出生於烏克蘭一個牧師家庭。

年幼時，波波夫就喜歡研究那些電子設備，如電池或是電子鐘，後來他因為家境實在太貧窮，只好在上學期間兼職做其他工作，這才順利畢了業。

西元一八八八年，赫茲首先發現了電磁波，這讓波波夫大為驚喜。

既然電場和磁場中有波，而波具有傳輸性質，這就意味著一個地方的電磁信號能被傳送到其他任何地方，如此一來，人們不就能快捷地分享彼此的資訊了嗎？

於是，波波夫用了六年的時間來研發能夠接收電磁波的機器，最後他成功發明了一臺無線電接收機，而這臺機器上有一根天線，所以波波夫又成為發明天線的第一人。

又過了一年，波波夫帶著他的發明到俄羅斯物理學會上做宣傳，結果

引起了物理學界的極大震撼。

照理說，波波夫的發明是一項非常有用的通訊工具，應該能得到政府的支援。

誰知，就在波波夫向俄國政府申請區區一千盧比實驗款項的時候，政府卻採取了不理睬的態度。

一位軍官甚至明確告訴波波夫：「我不允許把錢投入到如此不切實際的幻想中！」

發明家馬可尼

由於得不到支援，波波夫的無線電實驗無法繼續下去，最後竟然偃旗息鼓，白白浪費了一項偉大的發明。

就在波波夫被迫放棄他的實驗時，義大利人馬可尼也研究起無線電。

有趣的是，馬可尼接觸無線電同樣是從赫茲開始的。

當時，馬可尼只有二十歲。

有一天，他碰巧在雜誌上讀到了電磁波的實驗報告，頓時在心中升騰起一個願望：如果自己能建一個接收機，便能接收到從遠處傳過來的電磁波。

事實上，馬可尼的想法跟波波夫的一模一樣。

隨後，馬可尼造了一臺發射器，裝在自家的樓頂上，他又在樓下安了一個接收器，並將該機器與電鈴相連。

本來馬可尼的父親很不贊成兒子做實驗，他認為這是在玩物喪志，可是有一天，馬可尼的接收器上的門鈴大作，做父親的才知道自己的兒子是

個天才，他非常高興，再也不吝惜給兒子資金援助，以便完善無線電的發明。

到了第二年夏天，馬可尼乾脆將發射器移到了距離他家約三公里的山上，而實驗依舊大獲成功。

馬可尼比波波夫幸運，雖然他向本國政府尋求資金援助失敗，但是英國人卻向他伸出了橄欖枝，很多英國財團主動登門拜訪，於是馬可尼開始將無線電實驗場所轉向了英國。

就在馬可尼的無線電事業越做越大時，遠在俄國的波波夫坐不住了，他覺得自己才是無線電的發明者，而馬可尼純粹是在「盜用」他的技術為自己牟取暴利，這是非常可恥的行為。

於是，他向美國法庭提出訴訟，狀告馬可尼侵犯自己的知識產權。

馬可尼得知後很生氣，他對著媒體一再重申自己才是無線電的發明人，並嚴厲譴責波波夫的「卑鄙」行徑。

總之，雙方各執一詞，互不相讓，因而在美國傳得沸沸揚揚，民眾們對此也非常好奇，密切關注著官司的動向。

最終，法庭判定無線電的發明權屬於馬可尼，不知是由於身心俱疲還是太過悲憤，官司結束後的第二年，波波夫就因腦溢血去世了，年僅四十七歲。

因為無線電的發明，馬可尼獲得了諾貝爾物理學獎，這時俄羅斯人才意識到無線電的好處，他們真是追悔莫及。

結果，他們來了亡羊補牢的一招：拒不承認馬可尼是無線電之父，而堅持認為波波夫才是第一個發明無線電的人。

【Tips】≡

西元一九四三年美國最高法院宣布馬可尼的無線電專利無效，尼古拉·特斯拉對無線電關鍵技術的專利優先權。特斯拉是塞爾維亞裔美籍發明家、機械工程師和電機工程師，在贏得著名的十九世紀八○年代的「電流之戰」及在西元一八九四年成功進行短波無線通信試驗之後，他被認為是當時美國最偉大的電機工程師之一。

93
十九世紀末的重大發明
賓士與汽車

在機動車中，汽車是數目最為龐大的交通工具，它的發明為人類的出行提供了便捷的服務，讓車主的遠途旅行不再成為奢望。

如今汽車已經走入千家萬戶，可是當初它卻是個奢侈品，不是尋常人所能消費得起的。

汽車的創始人是大名鼎鼎的卡爾‧弗里德利希‧賓士，他之所以會發明汽車，是因為他的父親。

原來，賓士的父親是一名火車司機，就在賓士出生前的幾個月，因一場嚴重的交通事故而喪生。

母親含淚將賓士生下來，卻一直沒有告訴賓士關於他父親的事情。

小賓士一天一天地長大，漸漸感覺出了異樣。

有一次，他和母親一起在公園裡散步，看著別的孩子牽著父母的手歡愉地嬉戲著，不由得傷心起來，用苦悶的聲音問母親：「為什麼別的小孩都有爸爸，我卻沒有？」

母親聽到這句話，心中封存已久的傷疤再度被揭開，她哽咽了，眼圈也開始泛紅。

「賓士，你的父親是一個英雄，你知道嗎？」母親蹲下身，對兒子說。

在公園的長椅上，母親緩緩對賓士講述了丈夫的遇難經過，賓士聽得

痛哭流涕，他對從未謀面的父親充滿了敬佩之情。

從此，賓士再也不會為自己沒有父親而難過了，相反，他會很驕傲地說：「我爸爸曾經是個火車司機。」

同時，他內心也有了一個願望：要造一種嶄新的交通工具，向父親致敬！

為了實現自己的理想，賓士拼命鑽研科學知識。

十六歲那年，他進入了技職學校學習機械製造，而那一年，恰逢法國工人魯諾阿爾發明了內燃機，賓士自然接觸到了這一全新的機器。

當時的人們普遍使用瓦特發明的蒸汽機，並且蒸汽機已經發展了幾十年，技術日趨先進，是初出茅廬的內燃機不能比擬的。

內燃機是透過燃燒煤氣來發動的，但是它的速度很慢，所以並不討人喜歡。

不過賓士卻對這種發動機產生了濃厚的興趣，他一直都想改進內燃機的性能。

十幾年後，已經組建家庭的賓士成立了一家機械製造和建材公司，由於建築行業不景氣，他的工廠差點倒閉。

為了翻身，賓士將賭注壓在了內燃機上，他決定生產一種四衝程煤氣發動機。

在歷經七年的艱苦研發後，西元一八七九年的最後一天，賓士製造出了世界上第一臺單缸煤氣發動機。

然而，賓士依舊沒有盈利，這是為什麼呢？

原來，他的發動機是需要燒煤氣的，而煤氣攜帶著不方便，如果洩

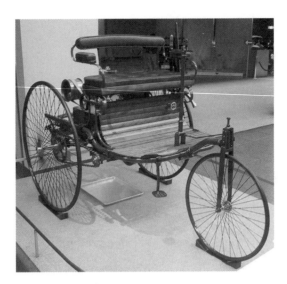

世界第一輛汽車

露，將引發中毒的危險，甚至會置人於死地，哪裡還有人敢用呢？

賓士懊悔極了，他早就該想到這一點的，就在所有人勸他放棄內燃機的製造時，他卻又想出一個點子：汽油是便於攜帶的，為什麼不製造一臺汽油發動機呢？

此時，賓士的資產已經非常有限，但他還是東拼西湊，繼續研製著新型發動機。

一晃又是幾年過去了，賓士終於製成了一款時速十二公里的單缸汽油發動機，他還設計了一臺三輪車，將發動機裝在車上，西元一八八六年一月二十九日，世界上的第一臺汽車誕生了！

賓士一鼓作氣，又發明了性能更加先進的「Velo」牌汽車。當他駕著車在大街上行駛時，所有人都驚訝地注視著這輛會咆哮的機器怪獸。

不過，賓士依然沒有賺到錢，因為他的汽車太貴了，老百姓根本買不

起。

「為什麼你不設計一種成本低廉的汽車呢？」有一位商人這樣勸他。

賓士痛定思痛，決定接受商人的建議，生產一種便宜的汽車。

西元一八九四年，售價在兩千馬克的一款「自行車」問世，並在短短一年時間內賣出了一百二十五輛，賓士終於擺脫了困境！

如今，「賓士」已經成為世界聞名的汽車品牌，而各種品牌的汽車也是結構繁雜、性能卓越。不過，它們都得感謝賓士，若沒有這位對自己夢想從一而終的發明家，就不會有汽車這種交通工具的出現了。

【Tips】

對於賓士父親去世的時間目前還有待驗證，一種說法是賓士的父親是在西元一八四三年去世的，賓士是以遺腹子的身分出生的；另一種說法是賓士的父母在賓士出生一年後結婚，西元一八四六年賓士兩歲時父親因一次火車事故喪生。

94
人類第一次在天空的自由遨遊
萊特兄弟與飛機

目前，在所有的交通工具中，飛機的速度是最快的，有了它，人們只需要用十幾個小時，就可以從一個大洲飛到另一個大洲，想當年，哥倫布可是花了好幾年的時間呢！

說起飛機，就不能不提起兩個人，他們就是美國的萊特兄弟，也是飛機的製造者。

萊特兄弟是怎麼想到要發明飛機的呢？

原來，在很小的時候，他們就喜歡從高坡往下滑，還製造了一些稀奇古怪的滑坡工具，結果每次都被摔得鼻青臉腫。

父親見兒子們對飛行這麼感興趣，就在耶誕節給他們準備了一個特殊的禮物——一個可以飛上天的小玩具，讓兩兄弟驚奇不已。

從此，一個願望就在萊特兄弟的心中紮下了根——製造一架能載人的機器，在天空自由自在地飛翔。

從這之後，萊特兄弟開始觀察起鳥在空中的動作。

他們很快留意到了老鷹，因為老鷹在飛

萊特兄弟在西元一九一○年貝爾蒙特公園航空會議上

翔時基本不用扇動翅膀，只需藉助風力就可以滑翔很長一段距離。

於是，萊特兄弟模仿老鷹的飛行原理造了一臺滑翔機，並試驗成功，他們的滑翔機能飛到一百八十公尺的高空。

「太好了！我們能上天了！」萊特兄弟興奮極了。

可是，如果遇到無風的日子，還是飛不起來啊！

「我們該造一種飛機，不用風力也能自己飛行！」弟弟奧維爾說。

哥哥威爾伯點點頭，提議道：「汽車用發動機就可以行駛，我們的飛機是不是也可以利用發動機來起飛呢？」

奧維爾覺得這是一個好主意，他們就立刻設計起需要發動機的飛機的草圖。

不過，他們的飛機最多只能裝九十公斤的重物，當兩兄弟向機械廠提出要訂一個不足九十公斤的發動機時，所有的工程師都一口拒絕了，因為當時即便是最輕的發動機也要一百九十公斤。

還好此事被一個專門製造發動機的機械師得知，他居然保證能製造出萊特兄弟想要的東西。

萊特兄弟驚喜萬分，他們焦急地等待了一段時間，終於得到了一個擁有十二馬力、重量卻只有七十公斤的汽油發動機。

有了發動機，是不是就萬事俱備了呢？

萊特兄弟發現在飛機起飛時，還是需要一定的風力才能上天，他們想了很多辦法，卻始終一籌莫展。

有一天，奧維爾忽然想起小時候父親送給他們的聖誕禮物，那個玩具有兩片翅膀一樣的東西，只要拉動皮筋，讓「翅膀」動起來，玩具就能升

空。

　　他頓時獲得啟示，做出了一個用數個金屬扇葉組成的螺旋槳，並安裝在飛機的前端，這樣飛行起來就沒有問題了。

　　既然飛機已經造好，就該讓它上天去接受考驗，可是萊特兄弟造出來的是一個前所未有的新玩意兒，從未有人駕駛著它飛上高空，飛行實驗因而充滿了危險性。

　　兄弟倆都不想讓對方去冒險，便爭著讓自己上飛機，這時，哥哥提議拋硬幣決定，弟弟同意了。

　　投擲結果很快出爐，哥哥威爾伯成為駕駛飛機的第一人。

　　威爾伯雄起起氣昂昂地揮別弟弟，坐到了飛機上，就在他剛升空的一剎那，飛機突然失去了控制，從三公尺高的地方摔落下來。

　　奧維爾大叫著，趕緊向威爾伯奔過去。

　　幸運的是，威爾伯和飛機都安然無恙，飛機之所以會墜落，是因為三公尺的高度不夠讓螺旋槳的轉速達到能上天的程度，如果把起飛的高度調高，就不會出現這種事故。

　　在汲取了一次又一次的失敗經驗後，萊特兄弟終於對他們的飛機改造成功。

　　西元一九○三年十二月十七日，在一個寒風凜冽的陰天，奧維爾駕駛著「飛行者一號」飛機，在一群人的注視下

駕駛滑翔機著陸的威爾伯

升到三公尺多高的高空，隨即平穩地向前飛去。

　　奧維爾共飛了三次，當他第三次飛行時，距離達到了史無前例的兩百五十五公尺，威爾伯激動地跳起來，與弟弟相擁而泣，他們的夢想完成了！

　　美國政府對萊特兄弟的飛機十分重視，出資幫助他們開設了飛行公司和學校，而後，飛機如同雨後春筍般在世界各地湧現，在一百年的時間裡，它已經成為最發達的交通工具之一。

【Tips】

　　西元一九○四～一九○五年，萊特兄弟又相繼製造了「飛行者二號」和「飛行者三號」。西元一九○四年五月二十六日，「飛行者二號」進行了第一次試飛。西元一九○五年十月五日，「飛行者三號」進行了一次時間最長的試飛，飛了三十八・六公里，留空時間最長達三十八分鐘——這說明萊特兄弟的飛機已經較好地解決了平衡和操縱問題。

　　西元一九○六年，萊特兄弟在美國的飛機專利申請得到承認。

95
沖洗照片時的戰利品
塑膠的合成

塑膠是製造各種物品的材料之一，它結實耐磨，卻又比金屬輕便，所以很受人們的歡迎。如今，我們幾乎能在各個角落裡發現塑膠的身影，這麼有用的東西，當初是怎麼被造出來的呢？

說起塑膠的身世，它和攝影有著不解之緣。

十九世紀時，攝影是一個頗為時髦的玩意兒，人們特別喜歡它，但又不太會使用它，因為攝影師需要極高的技術。

在當時，商店裡是沒有膠片和沖洗藥水的，如果人們想拍照，除了一個照相機，其他的東西都得靠自己製作，這在無形中增加了攝影的難度，也讓攝影師成為一份令人羨慕的職業。

不過，攝影對愛好鑽研的英國人亞歷山大·帕克斯來說，根本不算什麼，由於經常調配沖洗膠片的藥水，時間一長，帕克斯就熟能生巧了。

在拍下照片後，帕克斯需要去商店買一種叫「膠棉」的材料，它其實是一種浸泡在酒精和醚中的硝酸鹽纖維素溶液，帕克斯將它和對光線敏感的化學藥品塗在玻璃上，便生成了一種類似膠片一樣的薄片。

幾年後，帕克斯覺得自己製造的膠片清晰度不夠高，就想嘗試著讓膠棉與其他化學物品混合。

有一天，他的妻子買了一些樟腦丸，塞進了帕克斯放置照片的櫃子

裡。

後來，帕克斯想翻閱以前的照片，就打開了櫃子，頓時，他摀住了鼻子。

好大的一股樟腦味啊！

帕克斯拿起那幾粒白如雪球的樟腦丸，心想：樟腦丸能防蛀，如果用它來沖洗照片，是不是能讓照片存放得更久一點呢？

於是，他將樟腦丸塞在口袋裡，又衝進了洗照片的暗室。

他將樟腦搗成白色粉末，然後倒入膠棉中，用一根玻璃棒不斷地在溶液中攪拌起來。奇怪的是，膠棉溶液中似乎有什麼堅硬的物質被放了進去，而且似乎體積還不小。

帕克斯驚訝極了，他將那瓶溶液拿出了暗室，這才發現，瓶子裡竟然有幾塊固體物質。出於好奇，他並沒有把溶液倒掉，而是將那些固體拿了出來，還用手指掰了掰。

「居然可以彎曲！」帕克斯看著那些又輕又硬的固體，驚嘆道。

憑著直覺，他認為這種固體肯定能被做成很多東西，於是他將其命名為「派克辛」，並且到處找贊助商投資，最終開設了一家專門生產塑膠用品的工廠。

帕克斯製造了很多小玩意兒，如梳子、鈕釦、首飾等，不過他沒有生意頭腦，很快就賠了錢，工廠也倒閉了。

但是塑膠這種東西卻流傳了下來，並很快被紐約的一名印刷工海亞特盯上了。當時有一家桌球公司的負責人抱怨說象牙太貴，造一個桌球要花費很多錢，此話無意中被海亞特聽到。

海亞特想到了「派克辛」，他靈機一動，決定生產一種既便宜又牢固的桌球。他把「派克辛」改名為「賽璐珞」，然後與桌球商談判，讓對方將現有的一個市場賣給自己。

　　當交易談妥後，海亞特的塑膠桌球就上市了，這種桌球不怕摔、不怕碰，跟原先的象牙桌球沒什麼兩樣，而且當人們得知桌球不再用昂貴的象牙製成時，都玩得更放心了，也就平添出很多樂趣。

　　海亞特見有利可圖，接著用塑膠生產出了其他商品。到二十世紀時，塑膠的功能越來越強大，從此在人們的日常生活中擁有了舉足輕重的地位。

【Tips】

　　塑膠的發明還不到一百年，如果說當時人們為它的誕生欣喜若狂，現在卻不得不為處理這些充斥在生活中，給人類生存環境帶來極大威脅的東西而煞費苦心了。

　　塑膠是從石油或煤炭中提取的化學石油產品，一旦生產出來很難自然分解。塑膠埋在地下兩百年也不會腐爛降解，大量的塑膠廢棄物填埋在地下，會破壞土壤的通透性，使土壤板結，影響植物的生長。如果家畜誤食了混入飼料或殘留在野外的塑膠，也會造成因消化道梗塞而死亡。

96 人生中最重要的一次感冒
青黴素的出現

感冒是一種常見病，儘管它不算大病，但發作起來也會讓人極不舒服，甚至臥病在床，所以極不受人們的歡迎。

可是有一個人卻對自己的一次感冒而感激涕零，如果讓時光倒流，只怕他還會祈求上天再讓他感冒一次。

這個人就是英國的細菌學家亞歷山大・弗萊明。

西元一九二二年的一個冬日，弗萊明坐在實驗室裡，一邊擦鼻涕一邊流眼淚，完全無法安心工作，

前幾天他因為吹了點涼風，結果患上了嚴重的感冒，由於最近手頭上的事情多，他還想硬撐著在實驗室工作，但是現在看起來，能撐著不打噴嚏就不錯了。

「感冒真討厭！」弗萊明又擦了一把鼻涕，懊惱地說。這時候，他看到手上正在研究的一個細菌培養皿。

忽然，弗萊明有了主意，他取了一點自己的鼻涕放到培養皿上，想看看感冒細菌究竟長成何種模樣。

不過細菌的生長並非一蹴而就，所以弗萊明

亞歷山大・弗萊明

就將這個培養皿放入抽屜，然後安心去做別的事情了。

兩個星期後，弗萊明的感冒已經好了，他也忘了培養皿的事，後來有人也得了感冒，他這才想起自己曾經的舉動。

弗萊明把那盤差點被他遺忘的培養皿拿出來後，頓時目瞪口呆，原來他的鼻涕上並未長出細菌，倒是培養皿的其他部位遍布著黃色的黴菌。

這是怎麼回事呢？難道說，人的體液中含有抗菌的成分？

為了證明人體有一種能殺死細菌的酶，弗萊明在很長的一段時間裡都在索取同事們的眼淚。

結果大家都很怕見到他，媒體還戲謔地將此事登在報紙上，一下子讓弗萊明成了「名人」。

弗萊明不為所動，他提煉出了溶菌酶，卻失望地發現該物質並不具備治療一般病菌的效果，因此只得繼續尋找殺菌藥物。

六年後，在九月的一個傍晚，他將一個裝有葡萄球菌的培養皿放在了桌上，當時他急著要回家，因為第二天他就要去度假了，所以連培養皿的蓋子都沒蓋，就倉促地走了。

十天之後，他回到了實驗室，發現很多培養皿上都長滿了細菌，就隨手將它們收進水池，想進行清洗。

恰巧在這個時候，一個晚輩過來請教問題，弗萊明也真是運氣好，他又走到水池邊，隨手抽出一個培養皿，想講述一下細菌的生長過程。

這個培養皿裡裝的正是十天前的葡萄球菌，弗萊明仔細觀察了一下，簡直不敢相信自己的眼睛。

在這個培養皿上，有一灘青色的黴菌，取代了之前的金黃色葡萄球

菌，而原先在培養皿上，可是長滿了葡萄球菌的呀！

　　弗萊明斷定這個青黴是由外界的青黴孢子飄到培養皿中，然後培育出來的，他欣喜萬分，做了進一步研究，終於發明了世界上的第一款殺菌藥物──青黴素，也就是盤尼西林。

　　後來在第一次世界大戰中，青黴素發揮了巨大的作用，挽救了無數人的生命，為此瑞典皇家科學院在西元一九四五年給弗萊明頒發了諾貝爾醫學獎，以表彰他對人類所做的卓越貢獻。

【Tips】

　　西元一九二九年，弗萊明發表論文報告了他的發現。可是青黴素的提純問題還沒有得到解決，使這種藥物在大量生產上遇到了困難。

　　西元一九三五年，英國病理學家弗洛里和僑居英國的德國生物化學家錢恩合作，重新研究青黴素的性質、分離和化學結構，終於解決了青黴素的濃縮問題。當時正值第二次世界大戰期間，青黴素的研製和生產轉移到了美國。

　　青黴素的大量生產，拯救了千百萬傷病員，成為第二次世界大戰中與原子彈、雷達並列的三大發明之一。

⑨7 第一座核裂變反應爐的誕生
核能武器的起源

核能武器的破壞力有目共睹，如果地球上的核能武器全部爆炸，相信人類將不復存在，所以迄今為止，核能武器只掌握在少數幾個國家手裡。從物理學上講，製造核能武器的關鍵在於原子核的反應，而提供反應的裝置被稱為反應爐。

那麼，世界上的第一臺核反應爐是怎麼來的呢？

這得從二十世紀上半葉說起。

當時紐西蘭的一位物理學家盧瑟福發現用射線能將原子核中的質子打出來，而後原子核中的中子也被盧瑟福的學生查德威克打了出來，科學界立刻掀起了一股原子核能的研究，大家都想知道原子核裡還能激發出怎樣的潛能。

質子和中子是原子核的基本組成單位，也是那個時代人們已知的最小物質，有一些人就嘗試著讓質子去轟擊原子核。

結果他們很失望，因為不會有任何物質從原子核裡跑出來，相反，質子還會黏在原子核上。

當新的質子附在原子核上時，原先的元素就不復存在，轉而生成了一種新的元素。

可是，這個結論卻讓德國的研究員莉澤和奧多很困惑，因為他們用游

離的質子去轟擊鈾原子核時，發現質子根本不會附在原子核上。

出現這種情況只有兩種可能：一、鈾是自然界最重的元素；二、質子確實從鈾原子核中打出了東西，但又馬上和原子核結合，所以看起來就什麼變化也沒有。

「我不相信這世界上沒有比鈾更重的元素！」莉澤堅定地對奧多說。奧多點點頭，鼓勵著莉澤：「那我們就再去試試吧！」

他們這一試就試了十年，並經歷了數百次失敗的實驗，最終還是沒能窺探出端倪。

奧多覺得不能再重複試驗了，他對莉澤說：「我們該換換思路了，如果質子沒有附在原子核上，那鈾原子核肯定是衰變成鐳了，我們可以用非放射性的鋇來探測鐳元素的存在。」

莉澤覺得這個提議很有用，就同意了。

誰知，正當兩人以極大的熱忱重新開始工作時，希特勒上臺了，他在整個歐洲掀起了一場迫害猶太人的戰爭，讓猶太裔的莉澤處境岌岌可危。

為了生存，莉澤只好逃往他國。

她來到了瑞典，同時依舊祕密地與奧多聯繫。

在一個大雪紛飛的冬日，莉澤收到了來自奧多的一封長長的信件。

在信中，奧多大吐苦水，說實驗又失敗了！他用鋇元素去做實驗，結果卻得到了數目更多的鋇，簡直讓他費解。

莉澤讀完信後也很困惑，她便去戶外吹風。

雪花仍在她頭頂上飄盪，還調皮地灌進了她的脖子裡，凍得她直打哆嗦，但她的頭腦倒是清醒了很多。

當她的雙腳踩進積雪中，發出「唭擦唭擦」的聲音時，她恍然大悟：那些多餘的鉸元素不是意外出現的，而是鈾原子核加速了衰變，導致鐳元素來不及生成就變成了鉸！

　　至此，莉澤發現了核裂變原理，後來她因此被人們稱為「原子彈之母」。

　　有了核裂變的理論基礎，核能武器的製造就成為了可能。

　　西元一九四二年，美國的物理學家費米發現用碳中子去轟擊鈾原子核，會爆發出巨大的能量，他當下心血來潮，在芝加哥大學的足球場上建起了世界上的第一個核反應爐。

　　那一年的十二月二日，四萬兩千個石墨塊和七噸氧化鈾小球被有序地堆放在一起，由數百個控制棒控制著反應進程。

　　實驗大獲成功，也引起了美國政府的興趣，後來在愛因斯坦的勸說下，軍方投入了大筆資金開始實施製造原子彈的「曼哈頓計畫」。

　　西元一九四五年，美國成功製造出了原子彈，從此人類的武器史被改寫，擁有超強破壞力的核能武器登上了歷史舞臺。

　　由於核能武器威力太大，且具有放射性，全世界都強烈反對將其應用於戰場，這一重量級的武器在出現之後迅速遭到禁用，展現了人們對於和平的一致渴望。

核反應爐不會爆炸，其原因至少有三條：

（一）原子彈使用的核燃料中百分之九十以上是易裂變的鈾 -235，而發電用反應爐使用的核燃料中只有百分之二～四是易裂變的鈾 -235。

（二）核反應爐內裝有由易吸收中子的材料製成的控制棒，透過調節控制棒的位置來控制核裂變反應的速度。

（三）冷卻劑不斷地把核反應爐內核裂變反應產生的巨大熱量帶出，使反應爐內的溫度控制在所需範圍內。

費米，原子彈的發明者之一

98

從龐然大物到靈巧的隨身物品
電腦的發展

　　對民眾而言，戰爭是殘酷且血腥的，是不該再度發生的，但凡事有利也有弊，對科學而言，戰爭有時竟然也是一件好事。

　　「我們需要你們設計一種機器，來計算炮彈的彈道。」第二次世界大戰末期，美國軍方找到了賓州大學的莫奇來博士，提出了以上需求。

　　其實很多東西都是在戰爭中發明的，比如坦克、潛水艇等，這次美國政府之所以有如此要求，一是想在同盟國面前展示一下自己的實力；二是美軍發現人腦已經不能用於較複雜且精密的計算了，只有機器才有能力勝任這一職責。

　　不過，當時從未有一個「電子化」的電腦出現，莫奇來博士感到了一絲為難，但他並沒有退卻，而是勇敢地承擔下了發明重任。

　　他挑選了自己的一個得意門生愛克特一起設計。

　　最開始，愛克特沒有明白他們該做什麼，就一次又一次地向老師提問：「博士，我們真的可以發明出能自動運算的機器嗎？可是我們連它長什麼樣都不知道呢！」

　　莫奇來見愛克特一臉的愁苦模樣，不由得微微一笑，拍了拍這個年輕人的肩膀，寬慰道：「不要著急，一步一步來，我們肯定能造出來的！」

　　從此，師徒二人日夜泡在圖書館和實驗室裡，查閱資料、討論問

ENIAC 是電腦發展史上的一個里程碑

題，他們用了一年時間畫出了所要研發的機器的草圖，並將該機器命名為「電子數位積分器與計算器」，簡稱就是 ENIAC。

這個 ENIAC 是個大傢伙，光是圖紙就畫了好多張，如果真正製造起來，恐怕還是個大工程呢！

莫奇來博士擔心經費不夠，就向政府提出場地和資金的申請。

令他們意外的是，政府對於 ENIAC 的支援義無反顧，他們不僅撥了大筆資金供博士使用，還將大學裡的一間教室指定為 ENIAC 的專用實驗室。

於是，莫奇來和愛克特又整天與一堆真空管和繼電器打起了交道。

「博士，你說電腦真的能代替人腦嗎？」有時候，愛克特會這樣對老師提問。

莫奇來笑了笑，他仰望天花板，認真想了一下，然後回答：「應該不

會，電腦再先進，也是由人腦設計的呀！」

西元一九四六年，ENIAC 終於完工了，二月十五日，美國人為其舉行了隆重的揭幕典禮。

當大家看到它那廬山真面目的時候，無不震驚。

只見這個龐然大物長五十英尺，寬三十英尺，重達三十噸，足足有六隻大象那麼重。

由於它使用了近兩萬枝真空管，因而能在一秒之內進行五千次加法運算，而它這一運作，就是足足九年。

美國政府對這臺機器並不是十分滿意，因為它太大了，而且耗電量驚人，每次只要 ENIAC 一開機，整個費城西區的燈光都會瞬間黯淡無光。

另外，真空管的耗損也是一大問題。

ENIAC 體內的真空管平均每十五分鐘就可以燒掉一支，而工作人員又得花十五分鐘找到這根管子並進行更換，為此，有一些嫉妒莫奇來的人譏諷道：「這臺機器能連續五天正常運轉，發明它的人就要偷笑了！」

然而，無論 ENIAC 有多爛，無論大家怎麼打擊這臺機器，一個由電腦所引領的新時代卻已悄然來臨。

莫奇來博士可能自己也沒想到，他成了電子電腦的創始人，他的創舉將被永載史冊。

後來，美國的馮·諾依曼為電腦設計了電腦語言，使得電腦的運轉速度得到成千上萬倍的提升。

有了這些科學家的努力鑽研，電腦的發展突發猛進，如今它已經變成了身形靈巧的家庭設施之一，甚至可被裝進一個信封中，但其計算速度卻

超過了以往任何一臺電子機器，實在令人驚嘆。

【Tips】

　　計算設備的祖先包括有算盤，以及可以追溯到西元前八十七年的被古希臘人用於計算行星移動的安提基特拉機械。隨著中世紀末期歐洲數學與工程學的再次繁榮，西元一六二三年德國博學家 Wilhelm Schickard 率先研製出了歐洲第一部計算設備，這是一個能進行六位以內數加減法，並能透過鈴聲輸出答案的「計算鐘」。

⑨⑨
多年以後的另一個自己
複製技術的出現

也許每個人都曾有過這樣的想像：在另一個世界，有一個與自己完全一樣的人，一樣的容貌，一樣的思想，你想觀察他所做的一切，就好像在看自己一樣。如今，這種想像有了科學根據，那就是「複製」。

其實，複製技術在生物學上早已有之，比如我們將柳條插進土裡，讓其生根發芽，就是複製。

可是在複製動物方面，科學家卻在很長一段時間內沒有獲得進展。

直到二十世紀中葉，美國兩位科學家才複製了青蛙，後來中國科學家童第周又成功複製了一條鯉魚，複製技術才算真正步入民眾的視野中。

不過以上複製的都是小型生命體，大型動物的複製卻仍舊沒有出現。二十世紀末期，英國胚胎學家伊恩·維爾穆特對複製技術也產生了興趣，他想複製一種較大的生物體，來證明生命是可以被延續的。

那麼，複製哪種動物好呢？

伊恩將目光投向了綿羊。

西元一九九六年，他和自己的研究小組找來了三隻綿羊，第一隻是已經懷孕三個月的白臉母羊，另外兩隻都是黑臉的蘇格蘭母羊。

伊恩抽取了白臉母羊的乳腺細胞和一隻黑臉母羊未受精的卵細胞，他將兩個細胞的細胞核取出，然後把白臉母羊的細胞核小心地融入到黑臉母

羊的卵細胞中。

整個過程十分緊張，需要有精湛的技術和足夠的耐心。

不過，這些對經驗豐富的伊恩來說，並非難事，他所要擔心的，是複製的母羊是否能活著被生下來。隨後，伊恩將更換了細胞核的卵細胞植入第三隻黑臉母羊的子宮內，使其受孕，然後靜候佳音。

可能有些人會感到奇怪：卵細胞沒有受精怎麼可能發育呀！

其實，早在融合兩個細胞的時候，伊恩就做足了準備，他利用電脈衝使細胞核和卵細胞結合，而電脈衝產生的作用不僅於此，它還能讓細胞分裂，形成胚胎，所以解決了不受精也能受孕的問題。

在隨後的五個月內，第三隻母羊的肚子一天天地大起來，科學家的心裡緊張起來，他們不知道等待自己的將會是什麼，因此每一天都在默默祈禱，希望實驗就夠成功。

西元一九九六年七月五日，歷史性的時刻終於來臨，伊恩他們接生出了一隻重達六‧六公斤的白臉母羊「多莉」，且其出生時身體十分健康！

翌年，英國《自然》雜誌報導這一消息，立即在全球範圍內引發了一場複製熱潮。美國《科學》雜誌還將多莉的出生評為當年世界十大科技之一，而科學家們更是對此癡迷不已，於是，更多的複製動物大量出現，「另一個自己」的夢想彷彿近在眼前。

不過，多莉在六歲時患上了嚴重的肺病，以致於科學家不得不對牠進行安樂死。由於一隻綿羊的正常壽命為十二年，

複製羊多莉的標本

而當初為多莉提供細胞核的母羊正好是六歲，所以伊恩他們懷疑多莉在出生時，具有的身體機能就已經達到六歲的水準了。

除了健康問題的擔憂，科學家們還擔心複製人會帶來倫理問題，且由於複製人的生命是被操控的，所以他們的尊嚴和地位容易遭到忽視。

看來，「另一個自己」的願望距離實現還有很長的路要走，但正如科學家所說：「你可以去考慮所能出現的一切問題，但你不能因此去反對科技的進步。」

【Tips】

複製羊多莉六歲的時候就得了一般老年時才得的關節炎。這樣的衰老被認為是端粒的磨損造成的。端粒位於染色體的末端。隨著細胞分裂，端粒在複製過程中不斷磨損，這通常認為是衰老的一個原因。然而，研究人員在成功複製牛後卻發現牠們實際上更年輕。分析牠們的端粒顯示牠們不僅是回到了出生的長度，而且比一般出生時候的端粒更長。這意味著牠們可以比一般的牛有更長的壽命。但是由於過度生長，牠們當中很多都過早夭折了。研究人員相信相關的研究最終可以用來改變人類的壽命。

100
一場持久論戰的引爆
備受矚目的避孕藥

二十一世紀初，有雜誌對兩百位知名歷史學家做出調查，探討二十世紀對全球影響最大的發明。出人意料的是，愛因斯坦的相對論和毀滅性極大的原子彈居然讓位給了一顆小小的避孕藥，這實在讓人跌破眼鏡。

不過，從中也能看出人們對避孕問題的重視程度。

在古代，由於沒有有效的避孕措施，已婚婦女總是處於一種難言的痛苦中：她們會不斷地懷孕，然後不斷地生產，即便身體不適或者沒有做好準備，也得被迫接受一個嶄新的生命。

由於懷孕是女人的事，男人們似乎可以撒手不管了，因此很多女人對此很不滿，抗議男人們的逍遙自在。

可是男人們卻打趣說：「那妳就別生啊！」

女人們自然不能隨意控制生育，因此只好怨聲載道地等待生產。

時光一晃到了二十世紀，一位「好事」的科學家出現了，他在一次野外探險中竟然解決了全球女性的難題。

這位科學家就是美國化學家羅素‧馬可。

有一次，馬可去墨西哥採集野生植物，他迷了路，結果意外地來到了一處人跡罕至的山谷中。在那裡，他發現了一種長相奇特的野生山芋，由於在別的地方從未見過這個品種，他就採了一些帶在身上。

馬可在山中走了好幾日，才終於精疲力盡地找到下山的出口，隨後他發現自己所吃的苦簡直物超所值，因為他在自己挖到的野生山芋中發現了一種可以避孕的天然激素。

於是，他製出了一款最早的避孕藥，立刻在科學界引發了震撼，大家都將目光投向了避孕行業，並堅信這個行業一定擁有一片廣闊的市場。

從此，科學家們在避孕藥上的競爭日趨激烈，而譴責聲也開始冒了出來。

社會上的輿論認為避孕藥不該被生產出來，即便這種小藥丸能夠減輕女性的痛苦，因為它或許將帶來社會風氣敗壞的負面影響。

不過科學家們依舊癡迷於這一科技的創新。

西元一九五一年，合成孕激素炔諾酮問世，這是避孕技術的一次重大突破，從此口服避孕藥的發展一發不可收拾。

到了六○年代，美國與東德都在市面上推出了第一款避孕藥產品，這讓女人們奔相走告。

在貧民窟，以前經常有婦女一手抱著孩子，另一隻手牽著孩子，背上再背一個，疲憊不堪地走在狹窄的街道上。如今她們的臉上總算出現了光彩，因為她們可以主動替自己計畫什麼時候要有孩子了。

富人們也有了一些變化。

以前她們都靠口頭傳授生理知識，而現在市面上到處都在兜售避孕藥，她們因而能從公共場合得知避孕知識，對自身而言，亦是一大進步。

可是關於避孕藥的爭論卻愈演愈烈。

一些人們認為避孕藥會引發一系列倫理問題，會使人們自甘墮落，體

會不到約束帶來的罪惡感。

由於輿論壓力，當時的醫生只給已婚婦女開避孕藥方，而婦女們還要想方設法編織冠冕堂皇的理由——解決紊亂的經期。

當時一些思想前衛的媒體對此很不滿，一家名叫《Konbret》的雜誌在西元一九六八年乾脆開出了一個清單，告訴單身女性，有哪些醫生可以給她們提供避孕藥。

此舉在社會上引發了軒然大波，卻激發了女權主義者和進步人士的鬥志，一時間，關於「選擇自由」的遊行在大街小巷轟轟烈烈地展開了，呼籲解放女性的聲音越發熱烈。

經過二十年的發展，到了二十世紀七〇年代，人們總算接受了避孕藥，不再將其視為洪水猛獸。

從此，避孕藥成為了藥店裡的尋常物品之一，它為萬千女性提供了幫助，成為了人類社會的一大功臣。

【Tips】

世界上最古老的避孕藥也許是由四千年前的古埃及人發明使用的。那是一種用石榴籽及蠟製成的錐形物，石榴籽帶有天然雌激素，這東西完全可以跟避孕藥一樣抑制排卵，雖然不像現在的藥片那麼有效，但是的確能夠抑制懷孕。

國家圖書館出版品預行編目資料

改變人類生活的100個發明故事／夏潔著.
－－第一版－－臺北市：宇炯文化出版；
紅螞蟻圖書發行，2016.9
面　　公分－－(Discover；37)
ISBN 978-986-456-025-7（平裝）

1.發明 2.通俗作品

440.6　　　　　　　　　　105012733

Discover 37

改變人類生活的100個發明故事

作　　者／夏　潔
發 行 人／賴秀珍
總 編 輯／何南輝
責任編輯／韓顯赫
美術構成／沙海潛行
出　　版／宇炯文化 出版有限公司
發　　行／紅螞蟻圖書有限公司
地　　址／台北市內湖區舊宗路二段121巷19號（紅螞蟻資訊大樓）
網　　站／www.e-redant.com
郵撥帳號／1604621-1　紅螞蟻圖書有限公司
電　　話／(02)2795-3656（代表號）
傳　　真／(02)2795-4100
登 記 證／局版北市業字第1446號
法律顧問／許晏賓律師
印 刷 廠／卡樂彩色製版印刷有限公司
出版日期／2016年9月　第一版第一刷
　　　　　2018年2月　　　　第二刷

定價 300 元　　港幣 100 元

ISBN　978-986-456-025-7　　　　　　Printed in Taiwan